逆势爆发
OUTBREAK AGAINST THE TREND

焱公子 谷燕燕 温张敏 ◎ 著

北京联合出版公司
Beijing United Publishing Co.,Ltd.

图书在版编目（CIP）数据

逆势爆发 / 焱公子 , 谷燕燕 , 温张敏著 . -- 北京：北京联合出版公司 , 2022.11
　ISBN 978-7-5596-6507-2

Ⅰ . ①逆… Ⅱ . ①焱… ②谷… ③温… Ⅲ . ①成功心理－通俗读物 Ⅳ . ① B848.4-49

中国版本图书馆 CIP 数据核字 (2022) 第 195016 号

逆势爆发

项目策划：斯坦威图书
作　　者：焱公子　谷燕燕　温张敏
出 品 人：赵红仕
总 策 划：李佳铌
策划编辑：刘予盈
责任编辑：高霁月
封面设计：异一设计 QQ:164085572
内文排版：北京天艺华彩图文制作有限公司

北京联合出版公司出版
（北京市西城区德外大街 83 号楼 9 层　100088）
天津旭丰源印刷有限公司印刷　新华书店经销
字数 148 千字　880 毫米 ×1230 毫米　1/32　8.5 印张
2022 年 11 月第 1 版　2022 年 11 月第 1 次印刷
ISBN 978-7-5596-6507-2
定价：55.00 元

版权所有，侵权必究
未经许可，不得以任何方式复制或抄袭本书部分或全部内容
本书若有质量问题，请与本公司图书销售中心联系调换。电话：010-82561773

前　言
打个赌，15 天写完一本书？

个人成长，个人品牌，个人 IP。

个体崛起的时代，普通人快速升级财富与影响力的 3 个阶段。

某次，学员提问："普通人如何获得财富与影响力？"我给了以上答案。

在过去的十年中，社会环境和就业市场发生了翻天覆地的变化。现今，"个人品牌"对于职业机会有着重要的影响。试想，当你在人们心中的印象是靠谱、专业；当单位有难题需要解决，大家第一个想到的是你……拥有个人品牌，能让你更容易被人看见与认可；能帮助你收获一系列的机会；可以帮助你顺利地更换工作、升职加薪，甚至创业。

普通人想要更快成事，打造强大的个人品牌是不二法则。

而个人品牌建立前的蓄力阶段，是"个人成长"。普通人通过持续学习、持续成长，可以由内及外突破自我；不断精进则能更快将潜力和个性转化为成功。

"个人IP"是个人品牌者们"相逢在高处"的阶段。

人人都需要具备个人IP思维。当你像经营一家公司一样经营自己的个人品牌，并且取得了满意的结果，想继续升级、获得更多的资源与更广泛的关注时，最好的办法无疑就是迭代、跃迁，让自己成为一个"个人IP"。

在互联网时代，你若拥有独特的IP身份，就能与你的受众建立强有力的联系，从而快速放大影响力，升级财富。

01 个人成长：想赚更多钱，你得先让自己更值钱

2018年，我的合伙人焱公子写了一篇文章《离开华为三年，我才真正认同狼性文化》，引爆全网。仅知乎一个平台，就有800多万热度，登上了知乎实时热搜榜的TOP 1。其后，他不断推出职场观点文，收获了百万粉丝。

从华为辞职，由传统行业转行到线上做新媒体，焱公子快速转型成功有没有秘诀？

有的。

他在2020年出版的《能力突围》一书中曾写道："我认为一个人想要快速融入新环境，获得成长与跃迁，至少得让自己具备4个核心能力：学习力、胜任力、沟通力、协作力。"

他在书中掏心地给出了30条破局法则，详述了这些能力要如何锻造，如何助他快速完成收入的跃迁、避过公司两

次大裁员。

"这些,也是我如今得以顺利跨界、持续精进的底层逻辑。"但是,焱公子并不是一开始就懂得这套底层逻辑,他在书里说:

我大学毕业后进入的第一家公司,是外企爱立信,月薪4,000元。当时北京的消费还没有那么高,去掉日常开销,我每月大概能攒下来2,000元。但就算是这样,一年我也才能攒下两万多元,仅够春节回一次老家、孝敬一下父母。真的太少了。

我请教带我的师父:"怎样可以赚更多的钱?"师父随手甩来几个任务,淡漠地说:"那你得先证明你值这个钱。"

如何证明?我要怎么做?我一头蒙。

毕竟是初生牛犊,我连续加了两周班,熬了几个通宵,厚着脸皮向师父和好几个资深同事求助。终于,在截止日期前,我圆满搞定了他额外安排的那几件事。

师父点点头,对我另眼相看。

我把过程详细记录下来,包括他们教我的、我自己观察到的和学会的,都写进一个复盘笔记本里。在本子上,我记下了师父的那句话,因为我意识到,那就是混好职场最核心的逻辑:**想要更多钱,你就得先证明自己值这个钱。**

在整个实习期，包括接下来的数年内，我都一直在靠近牛人、观察牛人，甚至主动举手，跟他们一起做共同的项目。比如，尽管我只是个技术岗员工，却愿意承担部门的会议纪要、协助上级做新员工的英文面试、跟销售一起给客户做售前引导等工作。

这些本职工作以外的事，让我真切感受到了职场精英们能行事有效，的确是有一套方法的。我试着揣摩、拆解、学习并运用，我在升职加薪之路上显著加速：我是新员工中第一个转正的，到年底时，我被评为了优秀员工。第二年年中，我的职位由助理顾问升级为正式顾问。第三年，我被任命为TL（项目组长）开始带团队，加上各项补助和奖金，每月实际收入超过1.5万。3年时间，我的收入上涨了3倍多。随后的每一年，都有比较明显的涨幅。工作第10年，我离职创业时，年收入在50万左右。

这期间，我没有提过一次加薪，都是上级主动为我加的。他们认为，我值这个钱。

02 个人品牌：让客户买单的不是平台光芒，而是你的个人能力

谷燕燕和温张敏是我和焱公子的私教学员，跟着我们学习个人IP孵化。她俩既努力打造自己的个人品牌，又将一路

习得的方法论与实践后的战绩做成课程，交付给她们的学员。

两人的经历很相似。谷燕燕工作10年，陪伴了5万名HR。她转型创业，离开原公司，想依靠曾经的人脉关系来招揽客户。课程售价199元，花了一个月对微信上4,000多位好友发出邀约，却仅仅收到37个人的回应与支持，最终她发现："客户从来认的都只是平台。"温张敏从财商教育TOP级的长投公司离职后，自己做社群课程，从9.9元到99元最后到199元，就再也提升不了价格。招募了一次之后，下一期报名者寥寥无几，这让她很是头疼。

2022年2月，我和焱公子共同撰写、出版了《引爆IP红利》。在书里，我们就写到了谷燕燕和温张敏的故事，也清晰地指出："客户往往只承认平台光芒。当你离开平台，客户不待见你，只能说明，失去背后大树的遮蔽，你就得给自己提个醒了：要学会打造自己的品牌，构建专属于自己的新平台。"

懂得区分平台光环与个人能力，分清哪些是平台赋予你的，哪些是你的核心价值所在，才是一个职场人的必修课。这样当你离开平台时，你才会知道哪些你可以带走，并真正可以成为你背书的资本。

焱公子现在教学员做"新媒体变现"，除了讲授每个平台的不同规则，更多的是要求大家踏踏实实磨炼自己，掌握优质的选题、结构、素材背后的逻辑和人性指向。因为平台变化太快，而真正能让你在新风口来临时迅速切入的，一定是扎实的内功。

你离开了平台仍能活下来、活得很好的能力，才叫作能力。

谷燕燕和温张敏在我们的辅导下，重新做了个人品牌布局，并在定位、产品、流量、内容等方面开展系统学习。经过大半年的踏实积累与沉淀，两人都有了不错的成绩。谷燕燕的营收增加了 70 万，辅导 HR 客户做转型，创业 4 个月就变现 50 万；温张敏在线上推出自己的创富闭门会，客单价提升到 6,800 元，一晚上营收超过了 12 万。

如果说，个人成长是低头拉车，耐下性子去坚持耕耘，那么做个人品牌就是抬头看路，放大音量。

03 个人 IP：半山腰太挤，你要到山顶看看

在策划本书时，我曾发起一个挑战。

我跟本书作者焱公子、谷燕燕和温张敏说："咱们来打个赌，15 天写完这本书各自负责部分的初稿？"焱公子笑笑，已经出版了两本书的他，当然不惧这样的挑战。但立刻，我又给出规则：必须是三个人都按时交稿，才算挑战成功。如果有一个人未在截止日期内完成，就不能算赢。

谷燕燕和温张敏明显就不淡定了。个人品牌私教学习一

年多，我很早就告诉她们计划写书，也早就让大家做好资料收集与筹备，但临到关头，真正要挑战15天完成，对于从未写过书、完全零基础的她俩来说，未免是惶恐的。

我说："你俩在个人品牌方面已经取得不错的成绩，是时候往山顶去了。如果总是以山腰的目标来要求自己，怎么能进步？天高海阔，只有努力登顶，才能看到不一样的风景。"就在两个姑娘被我的话"蛊惑"，犹犹豫豫点头的那一刻，我立刻放出了违约规矩：连续15天，每天23点前交3,000字，超过1分钟就发1,000元红包。

于是，在不知道是"鸡血鼓励"还是"重罚恐吓"下，他们仨开始了拼命笔耕的15天挑战。

很多人从个人品牌升级到个人IP，往往缺的不是能力，而是信心与干劲。就像爬山，从0到1，从山脚到山腰，一路冲锋。然后，累了，停一停、歇一歇，却发现再往上就步履维艰。

所以，我们历时两年，做足筹备，用心撰写这一本《逆势爆发》，希望能给处在个人成长期的朋友一套方法论，书中有大量解决方案，帮助你突破困境，打造出自己的个人品牌；也给处在个人品牌期的朋友以力量，以大量实战故事来帮助你少走弯路，早日成为个人IP。

本书的第一章，作者是焱公子。谷燕燕撰写第二章、第三章,温张敏撰写第四章。在书的附册,就有他们仨的联系方式,欢迎大家加微信进行交流。作者们都诚意十足地准备了礼物送给你。

同时,附册中还有作者们的 21 位朋友。他们在个人品牌领域都做得很好,欢迎大家找到他们的介绍与联系方式,与他们聊一聊,你一定能收获很多普通人在不同领域闪闪发光的经验。

如果是对个人成长、持续精进感兴趣的朋友,强烈建议你买一本《能力突围》;如果是对个人 IP 打造有需求的朋友,建议你阅读《引爆 IP 红利》。这两本书在上市之初,都迅速在当当网榜单上榜,并在不足半月的时间内售罄、加印。目前在全网的销售口碑都很好。

三本书,《能力突围》专注个人成长;《逆势爆发》垂直打造个人品牌;《引爆 IP 红利》是个人 IP 的"红宝书"。

最后,如果觉得《逆势爆发》对你有用,也请你推荐给你最重要的人。让我们在加速变化的时代,快速拥有稳固不变的突围能力。超级 IP 时代来临,普通人持续成长、拥有个人品牌、打造个人 IP,能匹配各种角色和工作,让成事更快捷,让成功更有效!

最后的最后,我知道你们想问什么。他们仨特别"勤俭持家",15天,愣是没有一个人超时,我一个红包也没捞着,还因为输了,老老实实地去帮他们写了这篇前言。

水青衣

2022年9月

目 录
CONTENTS

前　言

打个赌，15天写完一本书？/ I

第一章

胜任力：6种技能提升个人竞争力，实现火箭式职场晋升加薪

1.1　讲好故事：好故事胜过大道理，用故事制胜人生关键时刻 / 003

1.2　玩转写作：从新手到高手，写作是最好的自我增值方法 / 017

1.3　懂点演讲：让每一次当众讲话，都成为你的高光时刻 / 033

1.4　攻克视频：抓住时代新机遇，快速上手短视频制作 / 047

1.5　学会直播：顺势而为，用个人品牌赋能企业与品牌 / 057

1.6　入局社群：掌控人脉连接密码，勘透社群运营底层逻辑 / 067

第二章
学习力：人人都能掌握的学习指南，10倍放大你的价值

2.1 优势定位：一套拿来即用的个体进阶法则，实现从问题到优势的转变 / 083

2.2 迭代精进：学会复盘比埋头努力重要，让经验转化为能力的职场精进术 / 099

2.3 高效复利：积小胜为大胜，快速提升财富与价值的有效方法 / 113

2.4 终身成长：3招摆脱无效奋斗，打开全新局面 / 125

第三章
沟通力：4套沟通心法，你能赢得他人的尊重与合作

3.1 识人用人：掌握主动权，你能团结每个人 / 139

3.2 连接贵人：人脉不是你认识多少人，而是你如何用高情商让人为你所用 / 151

3.3 向上管理：对的社交方式，让人脉连接事半功倍 / 163

3.4 向下成就：你能成就多少人，就能做成多大事 / 177

第四章
破局力：轻松突破困境，一路开挂超越同龄人

4.1 转型线上：随时随地开展业务，每分每秒创造财富 / 187

4.2 自我营销：像经营公司一样经营自己，好口碑带来强信任 / 201

4.3 共情传播：低成本撬动高推广，好方法策划完美活动 / 213

4.4 流量变现：从产品思维到用户思维，引爆流量成交与变现闭环 / 227

后　记

普通人跨界生存指南：从谋生到发光的距离有多远？ / 245

第一章

胜任力：6种技能提升个人竞争力，实现火箭式职场晋升加薪

随着移动互联网的高速发展，我们迎来了真正的信息爆炸的时代。每一天，人们都在通过各种不同的渠道，接收、传递着无数信息。面对海量资讯，我们有了更多选择；相应地，我们也变得越来越挑剔，注意力也越来越容易涣散。

在20年前，很多公司愿意花较长时间来考查一个候选人是否胜任某个具体岗位；但在今天，更多的公司并没有这样的耐心和预算。他们倾向于招募已经被市场检验过的候选人，哪怕是校园招聘。一个在公开平台上拥有粉丝与拥趸的年轻人，极有可能更能获得面试官的青睐。

所以，所谓胜任力，对于现代职场而言，无论你是求职者还是在职者，已不仅指代你的能力符合某个岗位的要求，更指代你能在不同场景下，恰当地展现出令人信服的才能的能力。

本章，我们将介绍职场人如何从讲故事、写作、演讲、视频、直播、社群6个维度展现自己的胜任力，以期更好地被领导、同事及客户关注。

1.1 讲好故事:好故事胜过大道理,用故事制胜人生关键时刻

1.1.1 厉害的职场人,都是讲故事高手

信息时代,人们并不缺资讯与知识,缺的是将其活学活用,并把它有效地传达出去的能力。讲故事,无疑是最好用的一招。因为在所有表达方式里,故事不仅能覆盖最广圈层,也最容易被人们记住与传播。

苹果公司创始人乔布斯就是一个讲故事的高手。在20世纪80年代,电脑开机要花很长时间。为了提升用户体验,乔布斯想把开机时间缩短10秒。工程师们生出了畏难情绪,对他们而言,这简直太疯狂了,是一个不可能完成的任务。于是乔布斯讲了这样一个故事:"未来至少会有500万人使

用我们的产品。我们每省出来10秒钟，再乘以500万，一天就省出5,000万秒，一年可以省出3亿多分钟，这相当于10个人的一生。所以，为了拯救这'10条人命'，我恳请各位，再加把劲吧。"

工程师们备受鼓舞，加班加点攻克技术难关。最后竟超出预期，把开机时间缩短了28秒，相当于一年"拯救了28条人命"。

2005年，在斯坦福大学毕业典礼上，乔布斯做了一场演讲，被网友们誉为"21世纪最优秀的演讲之一"。他在演讲中讲了3个故事，每一个都为人们津津乐道。

令焱公子印象深刻的是第二个故事。乔布斯说，他从0开始创建苹果公司，将市值做到20亿美元、公司规模达到了4,000人，却被自己聘请来的人炒了鱿鱼。

这让乔布斯备受打击。他一度想逃离硅谷，但他又发现自己依然热爱创业，于是在接下来的5年里，他重新开始，相继创建了NeXT和皮克斯公司。

皮克斯出品了世界上第一部用电脑制作的动画电影《玩具总动员》；NeXT后来被苹果公司收购，乔布斯因此又戏剧般地回到了苹果。他开创了智能手机时代，最终让苹果公司成为世界上市值最高的公司。奇妙的是，创立两家公司的繁忙期间，乔布斯邂逅爱情，组建了美满的家庭。

乔布斯在故事的结尾说道："如果我没有被苹果公司开除，我幸福的家庭生活和后两家优秀的公司都不会出现。有时，人生会给你当头一棒，但你不要失去信仰。你必须去寻找你所爱的，工作和爱情都是如此。"话音刚落，台下学子掌声雷动。

这场演讲没有一句大道理，乔布斯仅用3个朴实又真诚的故事就打动了当时的学子与万千世人。17年后的今天，再回看乔布斯的这场演讲，他讲述的自己在低谷时期的故事依然直击人心，鼓舞无数深陷困境的人不抛弃、不放弃，激励大家努力攀登，应拥有从头再来的勇气与信念。

这就是故事的力量。

对每一个职场人来说，拥有讲故事的能力会有很多好处：

① 公众发言，可防忘词

如果你没有受过专业的演讲或表达训练，却在某个时刻需要上台发言，你面对着台下一双双聚光灯般的眼睛，紧张在所难免。哪怕你把事先准备好的演讲稿背得再熟，也可能会因为紧张而卡顿或忘词。这时，如果让你讲一个自己耳熟能详的故事，或者讲一个本就是发生在自己身上的故事，你一定很快能顺畅地讲出。

②交际应酬，成为焦点

你的身边一定有这样的同事：每次公司聚餐，无论跟现场的人熟悉还是不熟，他都能轻松地让自己成为焦点。究其原因，一方面也许是这类人本身就是活泼外向的性格；另一方面，大概率取决于他们具备优秀的讲故事能力，总能通过恰到好处的故事来引发众人的关注。

③工作场景，增强说服

当你试图邀请跨部门的同事与你协作完成某个项目，或者试图向领导申请某项资源时，与直白地表达诉求相比，讲一个有针对性的故事可能会更有说服力。

焱公子曾在通信行业工作，他的一位同事曾说过一个故事，令他印象深刻。

那名同事负责站点规划。当时，有一个区域并没有做建站计划，因为该区域处在远郊，人烟稀少，客户从投入产出角度认定该计划不划算。同事就需要去说服客户。他是这样说的："我去过好几次现场，信号都是从远处飘过来，非常弱。我发现，那里有好几户人家，家里只有上了年纪的老人，年轻人都外出打工了。也许，在未来的某个深夜，当老人们需要帮助、想拨打电话求救时，会因为有强信号而能清晰地发声，及时地被子女、邻居或医生听见。我想，那时他们一定会非常感谢您今天的决定。"客户听完,沉默良久,但很明显,他被触动了,第二天就同意了同事的提案。

一个故事,就成功说服客户额外投入费用,并增加了两台基站。不得不说,这位同事真是讲故事的高手。

1.1.2 职场人如何从 0 到 1 培养故事思维

我们先来听一个故事,并在故事中做一份测试。

故事的背景是一位父亲带着 6 岁左右的儿子去公园玩,有两个老大爷在公园门口卖彩色纸飞机,两人相距 300 米。儿子被纸飞机吸引,跑过来又跑过去,父亲也跟着走。

父亲发现,第一位老大爷在一堆纸飞机中放了一块纸板,上面写着一行大字:大的 5 元,小的 3 元。而第二位老大爷的摊前也有一块纸板,上面除了用大字写着相同的价格,下面还有一行小字:"每次想儿子时,我都会给他折一架他小时候最喜爱的纸飞机。尽管他早已飞得比所有纸飞机都高、都远了。"

此时,儿子缠着父亲买一架纸飞机。

咱们开始做测试。若你就是孩子的父亲,你会选择购买哪一位老大爷的产品?

在我们故事文案课的课堂上,绝大部分学员听完这个故事,在测试中都选择了第二位老大爷。问及原因,大多是因为第二位老大爷写下的小字带给了他们一个温暖又简短、与亲情和思念有关的小故事。

再做个测试。假如你现在是一家公司的负责人,你的经理正在粗暴地斥责下属,你打算制止他这样做。你有两种处理方式。第一种,很直接地告诉他:"不要这样训斥员工,这样做是不对的!"第二种,你可以尝试对他讲个故事,比如:"前两天我打车出门,司机早到了5分钟。我下楼时他正在仔细地擦拭车身,表情很温柔。后来他让我猜这辆车买了几年了,我说它看起来很新,最多一两年吧。他得意地说,8年啦,没看出来吧?车子其实跟人一样,你对它好,它才会陪你更久。"

请问,你会选择哪一种说话方式?

优秀的管理者通常愿意选择后者。前者的处理方式虽简单易操作,却未免过于直白,又没有任何实质性的依据,容易招致抵触情绪。哪怕对方此时忌惮你的身份,嘴上不敢言,但心里也可能会嘀咕:"说得轻巧,那你倒是说说应该怎么办啊?"

相比之下，后一种方式就柔和很多。通过一个生活中的小故事，将你想要表达的观点融入其中，既不会让员工下不来台，也能更容易让他们从内心接受。这就是故事思维的妙用。

对于职场人来说，讲好故事，本质上是掌握一种更高效的表达与影响力渗透的工具。想要从 0 到 1 培养故事思维，用以更好地传播自己的思想与观念，有两个需要掌握的关键点。

◎关键点 1：立意明确

无论是影视剧还是文学作品，一个故事是否好看，除了人物生动、情节起伏，更主要的是立意深远。金庸先生之所以成为"武侠泰斗"，享有"有华人的地方就有金庸"的美誉，绝不仅因其作品里有引人入胜的江湖恩怨与刀光剑影，更因其有宏大的立意，通过诸如乔峰、郭靖等典型人物所传达出的民族大义与家国情怀。这才是先生的作品能在一众武侠小说中脱颖而出的原因之一。

职场中，一份好内容的呈现，同样应该遵循"立意为先"这一原则。你越清楚故事立意，才会越清楚该怎么下笔，也才会收到期待中甚至超出预期的反馈。否则，若只为敷衍了事，还不如不写。

◎**关键点 2：结构清晰**

一篇故事始终能抓住读者的眼球，吸引他们从头看到尾，最根本的原因就是：文似看山不喜平。在职场中，每个人都很忙，尤其是老板，基本上没有人会有时间听你长篇大论、徐徐展开。所以，无论你打算写哪一种场景的内容，都一定要先提炼出一条清晰的基本结构线，确保能抓牢受众的注意力。

新手初写故事，可以使用最简单的基本结构"总——分——总"，也可以根据不同场景，灵活使用不同结构。在1.1.3这一节，焱公子会结合若干实例，给大家做详细阐述。

1.1.3 在 3 个典型场景中，如何运用故事思维达成职场诉求

结合3个具体实例，我们来看看，如何熟练运用故事思维来完成不同场景下的职场诉求与内容表达。

◎**场景 1：应聘时，向面试官做自我介绍**

面试时，我们会遇到很多问题，但其实万变不离其宗，面试官们关心的永远都是几个相同的问题，并期望获得他们想要的答案。

如何做自我介绍，就是常考题。很多人在自我介绍时经

常会陷入3个误区。

• 误区1：将简历上的内容复述一遍。浪费了时间，导致面试官很无奈。

• 误区2：说一堆无用信息。比如，"您好，我是×××大学×××系毕业的，成绩优异。我体重75kg，身高175cm。我的爱好非常广泛，我爱看电影、打篮球、打游戏、旅游……"这些信息，既冗长又无趣，对面试官而言毫无价值。

• 误区3：话匣子打开就收不住，而且完全没重点，讲到哪里算哪里。从故事思维的角度看，这是典型的没有立意、缺乏重点，是没法引起对方共鸣的。

而从故事思维的角度出发，你首先要考虑的是"立意"问题，即**面试官让你做自我介绍时，他真正想要了解什么？**

其实无非就是两个问题：

①你对应聘岗位的兴趣到底有多强？

②你的能力是否匹配当前岗位？

围绕这两个点来展开自己的经历，这样的自我介绍会更容易给人留下深刻的印象。举个例子，如果焱公子去应聘，会这样做自我介绍：

"您好，我是焱公子，投递简历前，我仔细研究过贵岗位的JD（Job Description），我觉得非常有吸引力，结合我自己的既往经历，我也坚信自己能胜任。

"之前我在华为公司担任××技术负责人，有一次半夜接到客户电话，说网络出了问题。我第一时间赶到现场确定了原因，并安排相关同事迅速跟进，1小时内就解决了问题。客户非常惊讶，说本来已经准备给我领导打电话，看来不用了。像这样的情形，我遇见过多次，每次都妥善解决了。

"我注意到，贵岗位的核心要求有3点：扎实的××技术，卓越的沟通能力，良好的抗压能力。我想我是完全能够胜任的。"

通过第二段讲述的故事，焱公子很巧妙地回应了岗位的3点核心要求，既不突兀，也很好地为自己为何能胜任提供了有力支撑。

如果是应届毕业生，并没有相关工作经验，对应具体的岗位需求，我们照样可以运用上例同样的陈述方式，只需用相应案例替换就可以了。

◎场景2：向老板要资源

现代职场中，个人能力固然重要，但擅长收集各种资源的人，在工作中一定更加如鱼得水。而其中最考验人的，无疑是如何向老板或上级开口，来获得额外的资源和支持，将项目做成、做好。

你当然可以直接开口向老板索要，但通常成功率不会很高。如果从故事思维的角度出发，我们同样需要先厘清这件事情的"立意"。额外资源意味着更多的成本，如何能让老板觉得值，同时还不会让他认为是你的能力不足才需要更多资源，就是你开口时需要传达出的核心立意。

以下我们提供一个小小的范本，供你参考。

"领导好，经过大半年的执行，我们跟A公司的项目快要收尾了。客户方负责人李总非常认可我们的工作，多次在公开场合表示明年一定跟咱们续签。现在有一个问题，在上次沟通中，他想让咱们免费多做半个月，我算了一下成本，需要额外支出10万元，这确实会影响公司的利润，但李总一定会承咱们的情，也有利于我们拿下更多A公司的市场份额，还请领导指示。"

相比"直接要"，上例通过一个具体的场景描述，将重点从"要资源"转变为"把握商机"，一定更能说服老板给你想要的资源。

◎**场景3：被评为优秀员工，年会时被邀请上台发表获奖感言**

获奖感言，是否就是上台随便说几句，再做一做感谢？这样表达当然可以，只是难以给人留下印象。要知道，职场中的每一次亮相,都是对你个人品牌的极好展示,更何况现在是以获奖者的身份在全体员工和领导面前发言,机会多么难得。

那么,要怎么做,才能留下好的印象?

同理,我们先来看立意。既要让领导满意,又要避免同事不满,就是发表获奖感言的核心立意。

基于此,我们举一个例子,供你参考。

"非常荣幸能被评为优秀员工,这个奖让我备受鼓舞。感谢领导和同事的认可。其实能获得这个奖,我们整个团队都功不可没。

"我记得那段时间,我们全组人天天都加班到后半夜,有一天小李感冒很严重,但为了帮我确认一份资料,一直陪我们到最后;那时我们卡在一个关键节点上,是小张四处求援,才终于把它搞定了;在后面的测试环节,小孙顶着黑眼圈,生生揪出来了一个所有人都没发现的漏洞……没有他们的鼎力支持,我不可能获得这个奖。

"最后,再次感谢大家。来年,我一定再接再厉,不辜负领导和同事们的期望。"

一个故事之所以能打动人,让人有代入感,靠的全是出彩的细节。感谢他人同样要讲细节,千万不要泛泛地一带而过。讲述得越突出细节,越能让人信服。如此表达,才不会让你的感谢致辞被人误解为敷衍，领导也会在内心认可你是个有团队精神的人。

【本节总结】

厉害的职场人，都是讲故事高手。在职场上，会讲故事至少有3大好处：公开发言，可防忘词；交际应酬，成为焦点；工作场景，增强说服。

新手想从0到1培养故事思维，需牢记两个关键点：立意明确、结构清晰。在此基础上，结合工作中的各个场景刻意练习，就能做到有的放矢，在同事和领导心中留下更深刻的印象。

1.2 玩转写作：从新手到高手，写作是最好的自我增值方法

1.2.1 写作是职场人最重要的生存技能

如果将所有职场必备技能做一个排序，我们会把写作技能排在第一位。不论是职场新人还是老人，也不论你从事技术岗还是管理岗，你会发现日常工作中，至少有一半以上的时间，做的都是跟写作相关的事情。跟领导汇报、交付项目成果、分享工作经验，甚至开个会做会议纪要、发个邮件、用微信与同事沟通工作，都要用到写作。

可以说，写作影响着我们工作的方方面面。

在同等工作能力下，擅长写作的人，毋庸置疑将更容易获得领导青睐及升职加薪。因为，写作能力越高的人，越能

够轻松顺畅地通过文字传递自己的想法和要求。相反，写作能力越差的人，传递信息的效率就越差。好比水壶煮饺子，明明有一壶东西，却怎么也倒不出来。

职场是个需要处处留档的地方，口头上说得再漂亮也没用，唯有文字才能作为凭证留存。同时，写作能清晰地表达出你的想法、目标、计划、某个项目的关键节点，让别人立刻明白下一步应该如何协助你开展工作。**所以，一个合格的职场人应具备较好的书面表达能力。**

职场写作，很多人常会陷入"以量取胜"的误区，认为汇报材料肯定是越详细越好，他们认为这不仅能体现自己的写作水准高，更能体现自己认真与用心。

焱公子有一个朋友，因为汇报材料总不能让领导满意，被领导在会议上批评了几次后，愤而辞职了。他对焱公子吐槽："我花大量时间找资料，熬夜写了十几页文案，方方面面都考虑到了，老板却说我的汇报材料冗长、抓不住重点。我隔壁工位的小张只交了一页纸，就得到了认可。这已经不是第一次了，之前也多次出现这种情况。老板总说我写得太啰唆，不着重点。

"问题是，没有功劳也有苦劳吧？我那么努力，他都没看到吗？这种老板跟着也没意思，不干了。"

职场中，这类情况非常普遍。明明花了很多心思，认真写了项目报告，却未必能被上级认可，最后不仅做了无用功，没准还要被指责工作能力不行，梳理总结能力太差……

究其根源，其实是没有掌握正确的职场写作方法。

想要在短时间内就显著提升写作能力，当然不可能，因为写作不是一蹴而就的事。不过，若能掌握一些基本的小原则，会让你获得立竿见影的效果。

焱公子在爱立信、华为公司工作多年，在这里分享他与同事们常常使用的"1分钟原则"，即无论做何种形式的汇报，你都必须在1分钟内让对方清楚地了解你想表达的核心内容。尤其是跟上级汇报工作，无论是通过邮件、微信还是PPT，都一定要遵守这个原则。

比如，如果做**邮件汇报**，你必须把结论首先前置在第一段，之后再逐层展开细节。整体上，一封合格的邮件汇报，一定是"总——分"或者"总——分——总"结构；如果**在微信上汇报**，不管是发在工作群还是私发给领导，在手机的一屏之内，你就必须要把关键信息都罗列进去；如果是用**PPT汇报**，紧随封面后的第一页，就应涵盖汇报的全部核心信息，确保你的汇报对象哪怕只剩一点点时间只看这一页，也能充分了解到你整体想表达的内容和诉求。

厉害的"职场老司机"都深谙职场写作之道。焱公子的前上司深得大老板青睐，除了工作能力超强、事事皆快速响应并办妥，还有一点便是写作与沟通能力极高。似乎任何复杂的工作，他都能条目分明地拆解、罗列，并在 1 分钟内汇报完成。这也给了焱公子很好的参照与学习方向，从进入职场开始，焱公子就在上司的影响下，极度重视写作能力的提升。

你越会写，就越容易被看见，自然也越容易获得更多的机会与关照，从而更快完成职场跃迁。

1.2.2 职场写作的 3 个核心要点

不同于文学创作，职场写作偏重的是实用性而非文学性。优质文笔和华丽辞藻并没有那么重要，更重要的是目标明确、对象清晰和表达精准。换言之，职场写作更关注"你为何而写？""你为谁而写？"以及"怎么写才能让对方有兴趣且完全看懂？"。

弄清楚这 3 个问题，也就解决了你绝大部分的写作难点。

◎你为何而写？

焱公子从传统行业转型做新媒体，在全网做出一定影响力之后，有很多人慕名而来，希望跟他学习新媒体写作。焱公子每次都会问他们一个同样的问题："你为什么要写呢？"

有一些传统作家圈的朋友回应说，"想让自己的作品被更多人看见""让自己更有影响力"之类的。但当焱公子认真给他们讲解完新媒体的各种底层逻辑，无一例外，他们都听不进去。

他们发在新媒体平台上的文章，依然会用比如《一朵小花》《云上的天空桥下的你》这类特别文艺范的标题。用户看到时，不知所云，很少愿意点击，也就失掉了点击率。

文章内容呢，他们会直接把以往所作的诗和散文全部复制上去，有的人连图都懒得配，就这样发布了。结果可想而知，在新媒体平台上几乎都是个位数点击量。朋友的自尊心受到了伤害，纷纷表示，新媒体读者的阅读力太低了，根本看不懂这么好的文学作品，不写不发也罢。

其实，像朋友们的这种情况，属于压根没想清楚自己为何而写，所以他们放不下内心的骄傲。不愿意按新媒体的逻辑来写作，自然也就一无所获，没有点击率。

职场写作也是一样的。无论你今天要写一篇总结汇报、会议纪要还是周报、日报，都不妨提前仔细想想：你为何而写？

老板和上级让你写，所以不得不写？没错，这是一个很实际的答案，也可能本来就是你的真实想法。但抱着这种想法去写的结果是，无论你写什么，都只是想尽快交差了事，并不会真正上心。

如果做新媒体抱持着这种心态，一定创作不出能打动读者的作品；同样，一个职场人抱持着这种心态写汇报材料，也一定无法打动客户、上级和老板。

知名经济学家薛兆丰曾说："每一个职场人，都是在为自己的简历打工。"**你今天在职场的每一份有记录的文字输出，都是一次为自己个人品牌的添砖加瓦。**你是为自己盖一幢摩天大楼，还是盖一间小平房；是尽量用顶级的工艺加上最好的材料精心浇筑，还是做成豆腐渣工程也无所谓，这都取决于你自己。

只是，取法其中，得乎其下。无论工作还是汇报，如果习惯性敷衍，最终敷衍的只是自己。倒不如一开始就想清楚：既然终归要写，我就要让每次写出来的文字都有价值，努力抓住每一次被看见的机会。如此一来，你便不会对它那么抵触与反感，也必然能够写得更好。

◎你为谁而写？

在新媒体平台做内容，最重要的四个字就是"用户思维"。你要学会站在用户的角度，琢磨他们喜欢什么样的内容，之后进行针对性地输出，再基于数据反馈，不断修正与迭代。

职场写作同样如此。你得非常清楚那个将要看你内容的人是谁。你可能会说："这不废话吗？那肯定是领导或者客户啊。"这没错，可是答案稍微粗糙了。就像做新媒体时我们需经常做用户画像，你说你的用户是宝妈群体，而基于你的后端产品和市场调研，我们可能会告诉你：你的用户是 1~3 岁孩子的妈妈，年龄在 25~35 岁之间，她们主要生活在一线城市，有着较好的教育背景，每月愿意在孩子身上消费约 5,000 元，喜欢网购、刷剧，有强烈的接受再教育、再学习与做副业的需求，最活跃时间段是晚上 10 点到次日凌晨 1 点之间。

你的用户是宝妈群体没错，可是仅仅回复"宝妈群体"四个字，就粗糙了。用户画像越精细，证明你对对面看你内容的人了解得越细致。**当你掌握的信息越精确、具体，你输出的内容才会越有针对性，才可能获得更好的数据表现**。如何精准获取用户画像，本书第四章的"4.1 转型线上"一节，有非常详细的阐述，此处先按下不表。

领导、客户，都只是一个身份标签，在这个身份的背后，是一个个和你一样活生生的人，他们有和你一样的喜怒哀乐和七情六欲。只有更了解他们是什么样的人，关注什么、喜欢什么、反感什么，你才能写出他们真正感兴趣的汇报内容。

焱公子之前在华为做项目交付时，曾遇到一个传说中特别难搞定的高层客户。以她的职场地位，本该只关心决策层面的事情，但和其他高层不同，她不仅强势，还细心，细到关注每一个技术指标，事事都要过问。

在事先了解到她的个性后，焱公子立刻着手把原本的汇报 PPT 由 15 页增加到了 58 页，将所有相关细节全部罗列了进去；同时，找现场工程师认真逐一核对。为了以防万一，在汇报当天，还带了几位技术负责人一起前往。

那场汇报，这位客户非常满意。后来据客户经理说，这是他对接这个客户几年以来，第一次看到她在会议上没有捶人，并难得地露出了笑脸。

职场上，清楚地知道你为谁而写，是写得对、写得好最大的前提。

◎怎么写才能让对方有兴趣且完全看懂？

美国知名培训师迈克·费廖洛曾提出"结构化思维",它本身是一种高效沟通的模型,但同样适用于职场写作。

费廖洛定律告诉我们：在职场上,级别越高的人,越没有时间听详细的解释。高层想要的,往往只是结果。所以,**践行结构化思维的第一步,是首先交付一个极简的思考结果。**常规的汇报方式,是先列出数据,然后一步步推导出结论;而结构化思维将其进行了简化,首先呈现结果,快速抓住对方的注意力并引发其兴趣后,再来切入过程。

有一个非常著名的"黄金 30 秒"电梯测试。

某销售员多次约见一位客户经理,却一直没有进展。有一天,机缘巧合下竟跟该经理同乘一部电梯。销售员想,要怎样在电梯升降的 30 秒内,让他对自己产生兴趣？

他知道,自己需要找出一个简洁又最能打动对方的观点,以便争取更多的时间。最后,他把握住了黄金 30 秒,说了以下的话：

您好,我是××公司的××。我们的××产品,能帮助您在原有的业绩上提升 15% 的销售额。您若有兴趣,我们可以详谈。

这段话,运用的就是典型的结构化思维的思考方式。其核心在于，始终以"让对方能接收尽量多的信息"为前提，也即我们前面提及的"用户思维"。

用对方乐于看见且能理解的方式，输出你想表达的内容，会事半功倍。举例来说，如果你的老板平时只爱看微信和电子邮件，那么就算你的PPT做得再漂亮，可能也不如认真写好一条微信留言或者一封电子邮件来得有用。

运用费廖洛结构化思维，每个人都能轻松写出一份符合多数领导审美与理解习惯的职场报告或方案。你可以按照如下6步组织方式来展开。

第1步：取一个凝练又指向清晰的标题。职场写作中，让你的标题尽可能就是你的核心观点或建议。越清晰明了，越能第一时间抓住领导的眼球。例如《××项目增加预算汇报》就比《××项目例行周报》要更有指向性。

第2步：做简洁的内容概要。尝试只用一页纸的篇幅，梳理出你整份报告的逻辑，把所有结论和关键性数据前置。

第3步：构建框架式主体。对你想要表达的思路、观点逐一论述，并以相关数据、事实作为支撑。

第4步：列出风险与机遇。在方案中呈现出工作当中可能会涉及的风险与机会点，以此作为领导审批时的重要参考。

第 5 步：制订细节实施计划。以清单或条目的方式，列出节点事件及相对应的落地计划。

第 6 步：做好附录文档。这是一份相关资料的梳理，更多是作为补充或者留档，不一定需要在正式汇报中呈现。

总体来说，**以结构化思维来写作，就是在充分考虑对方的接收度和你想要达成的诉求的前提下，将内容用更符合对方阅读习惯的方式，重新做组织和展现**。这样做出来的提案或汇报，说服力会更强，也更容易获得通过。

你若能将之用于日常跟上级、同事的沟通交流中，你的观点也会更容易被他们所认可和接受。

1.2.3 如何在日常工作中挖掘素材

焱公子开过很多期写作训练营，几乎每一期都会有学员问这样一个问题："感觉每天都在做重复性的工作，每天都在见同一批人，哪有那么多东西可以写呀？"

这是一个非常好的问题。的确，巧妇难为无米之炊，如果没有好的素材，确实很难下笔。但素材其实无处不在，只是你每次都走马观花，从来没有真正驻足去看。

不信？哪天你坐地铁上下班时，停止刷 10 分钟手机。用这 10 分钟好好看看周围，刻意观察一下，一定能发现一些不一样的东西。

焱公子有一回坐地铁，听到旁边一个中年男人打电话。他说："买房买车、生孩子、生二胎，我哪样不是依着你？我现在工作不开心，就是想出来创业。你为什么不能支持一下？我觉得自己活得好失败啊。最失败的是，我活丢了自己。"

这段话让焱公子深受触动。后来，他结合一个同事的遭遇，写出了《死于三十五岁》这篇故事，讲述了一个男子在家庭责任与自我实现间的博弈。故事在各个新媒体平台受到了广泛欢迎，获得了 10 万 + 的阅读量。很多读者留言评论说，过于真实，仿佛偷窥了他们的生活。在我们的工作当中，其实有太多可以写的东西了。如果你是一个职场新人，可以写很多的"第一次"。第一次认识到公司与校园的区别、第一次做完大项目的体验、第一次出差、第一次独立搞定一个客户、第一次搞砸一件事的反思、第一次拿到工资的喜悦……

如果你已经是"职场老鸟"，你当然可以写得更有针对性。你可以写行业洞见、项目规范、技术细节分享、客户沟通技巧等等。记住，你不是在为公司写，也不是为别人写。关于写作，你的内心要很笃定：你的每次落笔，首先是对自己个人品牌的塑造。

以下3步，可以帮助你挖掘素材、解决无东西可写的难题。

◎第一步：拆解

他山之石，可以攻玉。即便你已经是所属行业里写得最好的一个，也依然可以通过学习与拆解别人的文字，来汲取更丰富的养分；如若你还没能达到第一，那么向榜样学习，会是一条捷径。

怎么学？学什么内容？

向内，你可以多看看公司资深员工写的汇报材料，都是如何组织语言、构建结构的；向外，你可以在公众号、抖音、头条等平台搜索行业大拿，首先看他们都在讲什么话题、哪些话题获得了比较好的数据效果、他们呈现的方式是怎样的，其次再试着分析他们写这篇文章或创作这条视频的目的、构建了什么样的立意、开头结尾是怎么写的、哪个金句给你留下了深刻印象……

逐一拆解，并把你的拆解心得全盘记录下来。

◎第二步：模仿

没有人天生就会跑，模仿是人类掌握一项新技能的开始。所以在拆解"大牛"的作品之后，你要学会的是站在巨人的肩膀上创作，然后持之以恒地练习。华为掌舵人任正非有一句名言："先僵化、后固化、再优化。"他说的是管理方法，但同样适用于写作能力的培养与提升。

◎第三步：内化

杜甫一直是李白的"小迷弟"，古龙走上武侠创作之路是受了金庸的影响。但无论是李白杜甫还是金庸古龙，他们后期的写作风格都与之前截然不同，因为杜甫、古龙通过自己的吸收与提炼，将前人的经验内化成了自己的东西。

当你看得足够多、写得也足够多时，必然也能脱离机械的模仿，找到适合自己的写作风格，写出独树一帜又令人耳目一新的内容。

【本节总结】

写作是现代职场人最重要的生存技能，你越会写，越容易被外界看见，也相应会获得更多机会。想快速提高写作能力，可以尝试从遵循"1分钟原则"开始。

关于职场写作，最重要的3个问题是：你为何而写？你为谁而写？怎么写才能让对方有兴趣且完全看懂？弄清楚这3个问题，也就解决了你绝大部分的写作难点。

用心观察日常工作生活，你会发现素材处处皆是。同时，可以按照拆解、模仿、内化 3 步走，来完成素材挖掘，提升写作能力。

1.3 懂点演讲：让每一次当众讲话，都成为你的高光时刻

1.3.1 普通人的每次演讲，都是在展示个人品牌

作为一个内向的人，很长时间里，焱公子都非常畏惧上台演讲。只要超过5个人同时看着他，他就感到局促不安。他一直很羡慕那些能够随时在公开场合侃侃而谈的人，他觉得他们身上有一种迷人的魔力。

在他年少时，第一次上台演讲是一次糟糕的经历。那是语文老师布置的作业，要求每位同学都要上台分享一个故事。身为班长，焱公子被老师点名要求次日第一个上台，给全班同学做示范。

焱公子回家后，经过精挑细选，决定讲《三国演义》里关

羽过五关斩六将的故事。他准备得很认真，几乎将这段情节硬生生全部背诵了下来。但第二天上台，面对着全班50多名同学和语文老师的注视，他非常紧张，紧张到双腿忍不住发颤，必须用双手撑住讲台才能保持直立。他低着头不敢看大家，呆板地杵在台上，硬生生背完了整个段落。

第二天上台的同学就讲得很好。他讲自己因为顽皮，多次被父母揍，学会了如何和父母斗智斗勇的故事。他言语诙谐、神态放松，时不时还会跟台下的同学互动，赢得了满堂彩。

如果论学习成绩和在班级里的影响力，那位同学比焱公子差很多，但在此次的讲故事活动中，论公开演讲的感染力，焱公子心悦诚服地承认：他可比焱公子强多了。

那次演讲之后，那位同学在班级里的地位有了显著改善，同学们都觉得他身体里住着一个有趣的灵魂，都愿意接近他，和他交朋友，就连语文老师也开始对他另眼相看，常常在课堂上点名请他回答问题。

这就是普通人演讲的意义：每一次公开发言，都是一次你对自己的全面展示。跟文字呈现相比，它更立体、更直接，能让你跟受众的距离贴得更近，更容易建立起与受众之间的连接。

作为一个现代职场人，有太多正式或者非正式的场合需要我们演讲，小到会议室里的工作沟通、团建时的自我介绍、聚餐时的即兴发言，大到年终汇报、年会时面对几百人发表获奖感言、在一个至关重要的项目中进行商务谈判等等，它们都可以归类为各种不同类型的演讲，把握得越好，越有利于你的职业生涯及影响力塑造。

1.3.2 演讲常见的误区

对于职场人而言，什么是好的演讲？这里我们卖个关子，不直接说答案，先来看演讲都有哪些常见误区。你也可以逐一对照，自检自己是否有犯下述的错误。

◎误区1：把"口才好"跟"演讲能力强"画等号

很多人认为，只有口才好的人才会有好的演讲能力。其实这是一种误读，倘若真是如此，那么演讲就变成了只有专业主持人、职业辩论选手或商业、政坛领袖才能参与的游戏。但是，你若看过《超级演说家》，就会发现其中大多数选手都是普通人，与前文所谈行业不搭界。甚至，有的选手的普通话不标准，或因天生身体的缺陷导致说话不利索，他们都谈不上口才好，但他们的演讲，依然能够深深打动你。

口才好,是极好的加分项,可它并非必备项。

有人说,乔布斯不就是口才好的典范吗?你去看他的演讲,几乎就像电影一样精彩,内容包含了英雄和反派、各种幽默和情节的转折。

不可否认,乔布斯既是商业奇才,又是演讲高手,但你是否知道,乔布斯会为了一场演讲,足足准备3个月的时间。他的主题演讲(Keynotes)设计师韦恩·古德里奇曾说过这样一句话:"没有任何CEO会在Keynotes上花费和乔布斯一样的时间。"

乔布斯会自己参与设计,会像一个导演一样设计他的演讲流程。更重要的是,他在活动开始的前几周就在现场不断排练,每一句话用什么手势、什么表情、站哪里、该在哪里停顿、灯光如何配合,甚至幻灯片播放和自己演讲的节奏,都要一丝不苟地一再核查,确保毫无错漏。

甚至,每次排练后,乔布斯还要让现场的其他人给他打分,复盘过程,总结哪些细节下次还可以做得更好。所以,乔布斯"演讲天才"的称号,不是因为他口才好,更重要的是他在演讲上所投入的时间和精力远超他人。

◎误区2:认为性格外向的人才适合公开演讲

天生性格外向的人,更适合公开演讲?原因是性格外向的人本来就爱说话，且不容易紧张。

真是这样吗？曾经有两个年轻人，在美国哥伦比亚大学选修国际关系专业，他俩是班上最内向的两个人，上课时总是一个坐在最后一排右边的角落，一个坐在最后一排左边的角落，他俩很不爱讲话，显得跟同学们格格不入。

坐在右边的那个人名叫奥巴马；而左边那个叫李开复。毋庸置疑，他俩都是顶尖的演讲高手。演讲能力的高低，与性格无关；演讲时是否会紧张，其实也与性格的关系不大。

有权威机构统计，世界上人们最恐惧的事情，排名第一的并不是死亡，而是公众演说。也就是说，即便是外向的人，在演讲时也会紧张。**事实上，跟紧张关联度更大的，是你打算讲的话题。你对所要讲述话题的把握度越高，就越不容易紧张；反之，才会紧张得冒汗。**

焱公子长大后回忆起自己小时候那场糟糕的演讲首秀，之所以会非常紧张，其实是因为他内心充满怀疑。他不相信自己能够讲好，虽然已经背得滚瓜烂熟，但他对于讲述《三国演义》的片段来获取大家喜欢这件事，没有把握。

焱公子关于公开演讲的痛点，是在工作后突破的。那是他第一次被公司安排单独去外地执行项目，项目完毕，需要给客户做项目总结汇报。那一刻他依然是紧张的，但因为项目全程都是他自己一个人做的，每一个细节都了然于胸，项目目标也全部出色达成，他内心是笃定的。因此他敢于直视客户的目光，全程保持着得体的姿态。之后，客户高层请他吃饭时专门在席上表示："你非常专业，谢谢你这段时间的付出。"

从此之后，只要讲的是自己笃定的、相信的话题，焱公子发现自己似乎不再畏惧任何场合的公开分享，哪怕同时面对几百人、几千人，都没有什么大的差别。

◎**误区3：太过于依赖PPT**

公开场合发言前制作PPT，并对照着PPT去讲述，这是职场人的常态。但过于依赖PPT，成了通病。有些人甚至喜欢把每一页PPT都尽可能写得密密麻麻，以防自己可能忘词。这种偷懒的行为并不可取，更为关键的是，它会让你在演讲时失去观众的注意力。试想一下，你要讲的内容，已经事无巨细全部呈现在PPT里，受众完全可以自己看，为什么还要花时间听你讲？同时，过度依赖PPT，会让你习惯性照本宣科，这样机械的方式是很难打动台下受众的。

PPT对于演讲的作用，是辅助，辅助观众更好地理解你所表述的内容。如果你期望成功调动现场观众的情绪，让他们进入你的节奏、认同你的观点，就**一定要把观众的注意力从PPT转移到你身上**。

◎误区 4：全程只顾自己讲

让我们换位思考一下：如果台上的演讲者全程都在念稿子、看屏幕，从不跟你做眼神交流，只是一味滔滔不绝地讲，甚至缺少停顿与互动交流，坐在台下倾听的你会有什么样的感受？我想，一定是相当不好的体验。一个只顾自己讲述的演讲者，就是斩断了与观众的呼应与连接，即便讲的内容不差，也很难真正吸引人。

真正厉害的演讲者，都会格外注意与观众的互动。如果现场的观众不是很多，就更应确保跟现场每个人都至少有一次眼神交流；如果是几百人的大场，你可以隔一段时间看向不同的方向，让身处每个位置的观众都感受到你在关注他们。

◎误区 5：不重视开场

新手演讲者特别容易犯的错误，就是开头轻描淡写，中段或结尾才精心设计。要知道，现在是一个注意力稀缺的时代，特别随意的开场，只会让你错失第一时间与观众建立连接的机会。

最常见的错误开场，有以下 3 种。

- **客套式开场。**"非常感谢主持人对我的褒奖""非常感谢领导给我这次上台发言的机会",这听起来很礼貌,却最让台下的观众无感。因为你的感谢,和他们毫无关系。

• **谦卑式开场**。"不好意思啊大家,我今天没怎么准备""如果我等会儿讲得不好,请大家多多包涵",这些话听起来是在表达谦虚的态度,或者为了降低观众的期待提前打预防针,但实则是不尊重观众的表现。观众多半会想:"既然没准备好,干吗还要上台?这不是浪费我们的时间吗?"

所以这类开场,不但不会为接下来的演讲加分,反而会大大扣分。如果你真觉得自己可能讲不好,至少可以换一个积极的说法,比如:"这是我人生第一次上台演讲,有点紧张。我希望能给大家带来一场精彩的演讲,也给自己一个闪亮的开始,请大家给我一些鼓励,谢谢。"

如果你这样说,是在释放一个积极的信号,观众会感同身受,也会更愿意给你鼓励和支持。

• **"自嗨"式开场**。很多自视甚高的演讲者,喜欢一上台就吹嘘自己,强调自己有多厉害。"如果你不好好听我接下来的演讲,你会错过一个亿""今天这个现场,你们可是来对了,我平时很贵的,这种场子一般都不来"。过分夸大自己的能力,并不能让观众产生膜拜心理,反而会瞬间拉远与他们的距离,最终失去人心。

1.3.3 3分钟完成一篇即兴演讲稿

焱公子曾参加过一次线下团建活动，主办方安排每个小组利用给定的材料搭建一个设施，并基于此完成一场主题演讲。焱公子的小组搭了一座旋转木马，上台即兴分享的任务分给了焱公子。

于是，他花了3分钟，打好了腹稿。之后，他的分享获得了现场最热烈的反馈。我们先来看看这篇即兴演讲稿：

《旋转木马》，演讲者：焱公子

每个成年人心中，都应该有一座旋转木马，那代表我们的初心。

小时候，你想哭就哭，想笑就笑，喜欢就是喜欢，讨厌就是讨厌。非常单纯，没有一丝杂质。

什么时候，你开始变了？

你变得小心翼翼，你开始学会隐藏自己的情绪。你难过的时候不再轻易表露，你看起来开心的时候，也未必真的开心。

你越来越成功，但好像再也找不回曾经的单纯。

你怎么了？是世界变了，还是你变了？

很多人告诉你，你长大了。

我说，你可能弄丢了最宝贵的东西。

2015年，我已经在"500强"工作10年。拿着高薪，受人尊敬，但每天的生活，一成不变。

我很纠结，我想要离开，我也知道那意味着什么。

一边是坦途和光环，另一边是荆棘与迷雾。那团迷雾背后，可能是海阔天空，更可能是万丈悬崖。

我走吗？如果留下，我的一生，是不是就这样了？

电影《疯狂原始人》里，主角一家一直躲在洞穴里，因为外面有各种未知和危险。爸爸对女儿说："躲着，才能活着。"

女儿回应："这不叫活着，只是还没有死去。"

没错。当我们只以功利化的思想，精致、冰冷地活着，以一种游标卡尺的精准丈量这个世界和身边的人，那或许只是还没有死去。

若能开心地、始终以保有自己独立意志的姿态，结交爱结交的人，做爱做的事，这才叫真正的活着。

于是，我裸辞出来了。

然后，我来到了这里，遇到了你们，我像发现了新大陆。

你们每个人，都活得精彩又舒展，都没有丢掉曾经的初心。

我发现，我一点儿也不孤单。

我想，很多年以后，咱们会一起回味起今天的情景。彼此之间，一定会会心一笑。

你会发现，这一辈子，咱们都以梦为马，策马奔腾，从未停歇。那心中的旋转木马，一直都在。

那是多美好的画面啊，是不是？

其实，想快速设计上文这样的稿子并不难，它是有迹可循的。下面我们来拆解这篇即兴演讲稿是如何创作出来的。请先记住一个公式：

开篇共情＋普适对比＋故事承接＋首尾呼应

①**开篇共情**。搭的是旋转木马，开篇肯定就要说它。首先得赋予它象征意义：旋转木马，象征我们曾经的单纯与初心。所以这样开篇：每个成年人心中，都应该有一座旋转木马，那代表我们的初心。因为当时在现场的都是成年人，这样一句话，既是点题，也是引发成年人的共情。

这个开篇能不能替换为其他事物？当然可以。比如另外一个组搭建了一台劳斯莱斯模型。对应着，我们可以这样开篇：每个成年人心中，都应该有一台劳斯莱斯，它代表我们的远方。

②**普适对比**。紧接着，就要做基于主题的延伸。焱公子

使用了两个对比句式:"小时候"与"长大后"。这种因成长而带来的改变,每个人身上都有,并不是个例,所以在做对比叙述时,要选择普适性、大众性的内容,才能让大家继续产生共鸣。

❸**故事承接**。如果一直这样往下讲,听起来就会像一篇"通稿"或者"鸡汤文"。所以第三部分,就要加入一些个人故事或者个人感悟。有了"我"的影子,这篇内容才会有独特的气质。因此,焱公子才加入了自己是离职追梦还是继续做500强精英的纠结故事,并用《疯狂原始人》的金句进行升华。

❹**首尾呼应**。从人性角度来看,每个人其实都只想透过别人的故事来关注自己。所以最后一部分,焱公子重新由"我",回归了"我们",关联了大家。每一个你们,都如此不同,都保留了自己的初心,这多好啊。

至此,稿子就完成了。依照着公式去套用,并不复杂。

所以,不妨现在就来试一试吧:以"梦想"为题,结合上面的公式,我相信你也能在3分钟内完成一篇受人欢迎的即兴演讲稿。

【本节总结】

演讲和写作一样,是现代职场人最重要的核心能力。对于普通人来说,每一次公开发言,都是一次你对自己的全面展示。跟文字呈现相比,它更立体、直接,能让你更容易建立与受众之间的连接。

糟糕的演讲,有5大误区:把"口才好"跟"演讲能力强"画等号、认为性格外向的人才适合公开演讲、过于依赖PPT、全程不管观众只顾自己讲、不重视开场。打破这些认知,你的演讲能力将得到显著提升。

3分钟准备一场即兴演讲并不是件难事,只要内心时刻装着受众,灵活套用公式:开篇共情+普适对比+故事承接+首尾呼应,每个人都能用3分钟完成一篇不错的即兴演讲稿。

1.4 攻克视频：抓住时代新机遇，快速上手短视频制作

1.4.1 短视频正在重新定义传播

互联网上这样一句话曾流传甚广："抖音1分钟，人间两小时。"虽然听起来较显夸张，却也生动展现了当下短视频对人们的吸引力。身处快节奏的时代，我们的时间被切割成很多碎片，很难保证自己的注意力能长时间聚焦在一件事情上，在此背景下，短视频应运而生。当你在等地铁、在排队买早餐或者在拥挤的电梯里时，你或许没有足够的时间与耐心来阅读一篇两三千字的文章，那么看一条有趣的短视频，就成了最好的替代。

跟书籍、报纸或公众号文章相比，短视频之所以深受普罗

大众喜欢，主要有以下 4 大原因。

①**时长较短**。目前较为主流的短视频内容，通常在 1~5 分钟之间，看一条并不会占用太多时间，你也完全不用担心看到一半会被其他事情打断。

②**轻松解压**。与看书或者文章不同，短视频内容多半轻松诙谐，尤其是一些成熟的剧情号，能做到数秒一个反转，更容易刺激观众的感官，调动他们的情绪。

③**代入感和参与感强**。目前各主流短视频平台都鼓励创作者表达自己真实的生活状态，正如抖音的标语是"记录美好生活"。你能够从无数个跟你一样的"草根"创作者身上看到浓烈的生活气息，并代入自己。如果你看到自己喜欢的视频作品，还可以"一键拍同款"，轻轻松松参与进去，制作出属于自己的视频内容。

④**社交属性强**。跟图文相比，短视频天生具有强大的社交属性，尤其是创作者真人出镜的短视频，很容易就与粉丝形成互动，铁粉属性更强。

另外，从内容呈现方面来看，与传统的图文相比，一条优质的短视频往往能涵盖更多的信息量，并以更生动、丰富、灵活的形式进行表达。例如，你若是个**知识博主**，就可以用口播形式来录制，这种形式简单明了，和受众距离近，也方便剪辑与制作；如果你是个**旅行达人**，就可以制作精美的记录视频（vlog），带领观众一起领略大好河山；如果你是个**美食博主**，也可以完全不出镜，只是用心拍好食品制作的细节，照样能获得大家的喜欢。

爱偷懒是人类的天性，短视频的强直观、低门槛、短时长等特点，让它天然更容易获得大众的青睐，也更容易传播与破圈。同时也意味着，今时今日，利用短视频来做产品推广、品牌营销，可以更快触达客户。因此，大河网络传媒集团董事长王自合说："短视频正在重新定义传播。"无论你当下从事的是什么行业，无论你是公司老板还是普通职员，如果你期望能更好地塑造个人影响力，让你的品牌或产品，甚至是让你自己更为大众熟知，那么，请现在就开始注册短视频账号并尝试制作第一条作品吧！

1.4.2 短视频是这样破圈的

如果你经常刷短视频，会发现视频间的数据差别非常大。

高的，可能一条就有百万点赞、超过千万播放量；而低的，可能只有个位数点赞，两位数播放量。即便是同一个账号，也有可能出现前后两条短视频在数据上差别很大的情况：前一条不到 500 播放量，后一条突然就有百万播放量。

你只有充分了解造成这个现象的原因，才能更好地玩转短视频，获得你想要的传播与数据效果。

那是什么原因呢？这就不得不提主流短视频平台的推荐逻辑与赛马机制。

我们已经身处在一个算法时代。为何你一拿起手机、一刷起短视频就会停不下来？主要就是背后有"平台算法"在"作祟"，即平台会基于你的浏览记录以及点赞、评论、购物等行为，来判断你的喜好，并针对性地"猜你喜欢"，从而将你最有可能感兴趣的内容不断推送到你的手机上。所以你才会越刷越上瘾——毕竟人家推的正是你喜欢的。

从短视频创作者的角度，你要充分认识到：**一条爆款短视频的诞生，首要条件就是恰好迎合了平台算法**。这样平台才会把你的内容推荐给更多可能对其感兴趣的用户看。

如何做能迎合平台算法、得到爆款视频？答案是：基于用户反馈。

当你创作的一条短视频内容推送到用户手机端时，平台就会开始采集用户的相应行为。如果点开此条视频、看完、点赞、转发、评论的用户占比较多，平台会认为这是一条优质内容，值得推送给更多用户；反之，如果直接划走、看到第一句话就划走、点了"不感兴趣"的用户占比较多，平台就会认为这是一条低质内容，应该减少甚至停止推荐。

所以想搞定平台算法，本质上就是搞定你的用户。你越了解目标用户的喜好，才越能精准生产出他们感兴趣的内容；只有用户反馈度高，你的视频才更有可能获得爆款数据。

这也是我们在"1.1 讲好故事"与"1.2 玩转写作"这两个小节里反复提及"做内容必须要有用户思维"的原因。

那么，如何制作能搞定用户的短视频？主要有以下4个关键点。

①设计一个足够吸引人的封面。大多数人都是视觉动物，在决定是否要看你的视频之前，你要给大家一个"愿意点进去看"的理由。一个漂亮的封面，无疑会是很好的理由。

②用心打磨开头第一句话。很多人制作短视频，习惯性地以"嗨，大家好，我是×××"来开篇，这浪费了开头的黄金1秒。与图文相比，短视频的节奏更快，也同时意味着用户的耐心更差。往往通过你开头的第一句话，就足以让他们

判断是划走还是继续听你往下说。所以，一条好的短视频内容，一定有着一个极其精彩的开头，这是吸引用户继续往下看的核心要素。

③**讲一个用户感兴趣的话题**。用户只会在自己感兴趣的话题上花时间。因此在做短视频之前，你需要充分调研，找出那些真正能够提起用户兴趣的话题，并基于此录制内容。同时，短视频的时长是有限的，千万不要贪多。一条视频力求聚焦、讲好一个话题足矣。

④**设计一个精彩的收尾**。若能以一句贴切并能引发用户共鸣的金句来结尾，会是最佳的选择。很多人看完一条短视频，可能会很快忘记其具体内容，但他们可能会记住那个金句，并因为它而点赞、转发你的视频，从而为你带来更好的传播与数据效果。

1.4.3 一条短视频的完整生产流程

如果你从来没有做过短视频，遵循以下步骤，可以让你建立一套完善的系统方法论并快速上手制作出自己的第一条短视频。

◎ **第一步：找选题**

不论做何种形式的内容，选题都是重中之重。**什么是选题？选题即用户的需求，而用户也只会传播跟其需求相关的内容。**要获得一个好的选题，固然跟你过往的经验、知识积累及对生活、人情的洞察相关，但更主要的途径，是去对标、效仿你的同行已经做过的爆款选题。因为这些选题是已经被市场验证过的，只要内容不差，大概率能保证不错的数据表现。

但请特别注意一点：我们只建议你参照、对标别人的选题，文本填充还得是你自己的内容，这样做出的短视频才具有你的个人特质，也才能真正彰显你的个人品牌。

◎ **第二步：写脚本**

一条短视频脚本并不需要太多字，有时候字少一点、时长短一点，更能适配平台算法，因为用户更容易看完。以短视频口播形式为例，按照大多数主播的说话速度，1分钟的口播脚本大概在200~300字之间。其他类型的短视频脚本，以呈现画面为主，适度控制脚本字数，反而更能抓住受众注意力。

短视频脚本的创作，如前文"1.3 懂点演讲"小节一样，也有套路可循。

不论什么类型的脚本，想要持续吸引受众，依然得深谙用户思维，站在受众角度进行创作：怎样的开头更能 1 秒留住人？怎样的细节能让人感同身受？怎样的金句更能直击人心，让受众忍不住转发？……只有平时多输出、多拆解其他优质账号的爆款脚本，才能在自己创作时越来越游刃有余。

◎第三步：拍摄

对于绝大多数普通视频创作者来说，没必要使用特别专业的设备来拍摄短视频，一则成本太高，二则使用门槛也高，这两者都不利于新手上路。事实上，目前各大主流品牌的智能手机，已经完全能够满足短视频拍摄的清晰度要求且完全没有操作门槛。

短视频既可以拍摄竖屏（9∶16），也可以拍摄横屏（16∶9），二者各有优势。竖屏沉浸感更强，更利于凸显人物，而横屏更利于凸显人物关系和场景。你可以根据自己的需求与侧重点，灵活进行选择。

◎第四步：剪辑

从未接触过视频剪辑的人，可能会对这个词望而生畏，其实，今天我们剪辑、制作一条短视频，通过手机就能完成，简单易操作，并不需要用到诸如 AE、PR 等专业工具（作者注：

AE、PR 都是 adobe 公司开发的视频剪辑及设计软件）。

目前主流的短视频平台通常都有自己的剪辑软件，比如抖音平台专为抖音短视频开发的"剪映"，腾讯视频号平台专为视频号短视频开发的"秒剪"，它们都非常容易上手，甚至还有可以直接套用的现成模板，帮助你 1 分钟就生成自己想要的视频效果。

以剪映为例，在导入拍摄好的视频素材后，焱公子**常用的剪辑顺序是：调整画面、调整速度、添加特效、生成字幕、添加背景音乐、制作封面、导出成品**。当然，这里的步骤并没有一个特定标准，你可以按照自己的习惯来安排剪辑顺序。

◎第五步：发布

视频制作完成，我们需要将其发布到相应的短视频平台。这时，**需要重点检查两件事：①确保封面已经设置好。②设置视频下方的引导语**。一条好的视频引导语文案，对于吸引用户点击视频会起到非常好的补充作用。同时，在精力允许的前提下，我们建议大家尽可能同步进行多平台发布，以扩大传播范围。

【本节总结】

短视频正在重新定义传播。它的直观、低门槛、时长短等特点，让它天然更容易获得大众的青睐，自然也更容易传播与破圈。利用短视频来做产品推广与营销，能够更快、更广地触达受众。

一条能破圈的短视频，首要条件是恰好适配了平台算法，这样平台才会把你的内容推荐给更多可能对其感兴趣的用户看。而适配平台算法的本质是，你的内容搞定了用户，走进了他们心里。

一条短视频的完整生产流程主要包含5步：找选题、写脚本、拍摄、剪辑与发布，它们并没有你想象中的那么复杂。只要用心，每个人都可以拍出优质的短视频。

1.5 学会直播：顺势而为，用个人品牌赋能企业与品牌

1.5.1 直播与短视频的主要区别

网络上流传着一句话："如果你错过了短视频红利，那就宁愿不搞短视频，也一定要做直播。"花椒直播前CEO吴云松曾用"四化"来概括直播的前景：

• **社交化**。直播是领先微信、微博的新一代社交形式。更具社交功能，会持续获得用户关注。

• **内容化**。直播在未来将会演变为一个产业。产业链布局越齐全、调动资源的能力越大，平台可承载的内容和造星功能就越多，则越容易成功。

• **垂直化**。直播正快速向垂直领域延伸。除了传统的游戏

直播、直播+电商、直播+体育、直播+在线教育等形式将变得越来越多且趋于成熟。

• **广告平台化**。直播延伸出来的商业价值将得到更大体现。与同样能打广告、带货的短视频相比,直播与短视频的区别,主要有以下5点。

①**高互动**。无论短视频还是图文,都没法实现作者与粉丝的实时互动,但直播可以。你的粉丝会在直播间里向你提问,你也可以针对性地进行响应,感谢大家的点赞、打榜。粉丝能够更真切地感受到你在意他们,因而更快拉近彼此间的距离。

②**实时性**。短视频可调试,一遍录不好就重新录制,直到你认为已达满意的效果后再上传即可。而一场直播一旦开始,就没法推倒重来。所以每一场直播对于主播来说,既需要事前更精心地筹备,也需要刻意培养自己应对突发状况的能力。也正因如此,主播反而能在直播间里更凸显出自己的真实特质,从而更容易获得用户的喜欢。

③**高时长**。一场常规直播,短则一小时,长则数小时,很多娱乐主播甚至能连续直播十几个小时,而一条短视频通常只有数分钟。

④**轻内容**。直播的核心是现场强互动。即便你是知识型主播,如果只会一味干巴巴地讲课,哪怕讲得再好,也未必

留得住人。有经验的创作者，会把自己的干货内容做成短视频吸引用户，而在直播间内会更偏向于互动或销售。相对来说，短视频的生命周期长、聚焦内容、留存完整，更容易带来长尾效应。

⑤**强变现**。由于直播的高互动与实时性，天然更容易建立用户信任。因此今时今日用短视频"种草"，再用直播打造线上消费场景，促成用户下单购买，已成为很多电商与知识付费从业者的普遍共识。

1.5.2 影响直播数据的主要因素

直播流量分为两种：一种是自然流量，即免费流量；另一种是付费流量。这里我们仅聚焦第一种来论述。

新人开播，如何能获得不错的免费流量？我们以抖音平台为例，来拆解影响直播流量的几个关键因素。

首先，抖音的免费流量分为两个主要来源：一是同城，二是直播推荐。在初期，同城流量是新人主播开播的重要流量入口，开播前要注意检查，确认"同城"开关已经打开。

其次，直播推荐是直播间最主要的流量来源。其推荐算法与"1.4 攻克视频"小节中所提到的平台推荐算法类似，但核心影响因素并不完全相同。**影响直播推荐的指标主要集中在点击率、点赞量、礼物数、在线人数与平均在线时长、直播时长、成交金额这 6 项上。这 6 项共同决定了你的直播间是否会被系统持续推流。**

①**点击率**。即用户在看到你的直播推送、直播页面、视频预告后,会点击进入观看你直播的人数比例。一张清晰美观的封面、一句吸睛的直播文案、一条悬念十足的视频,都能吸引用户进入直播间,显著提升用户点击率。

②**点赞量**。即用户进入直播间后,给直播点赞的数量。用心呈现直播内容,多与用户互动,并不时进行引导,会更大程度诱发用户为你点赞。

③**礼物数**。即用户通过平台虚拟货币,给主播赠送的礼物数额,类似于公众号的"赞赏"。很多娱乐主播以此作为最核心的变现方式,而其他非娱乐主播,会引导用户点击关注、赠送 1 毛钱的"灯牌",来增加系统对直播间的推流。

④**在线人数与平均在线时长**。这是考量直播间的两大重要数据。如何吸引用户进来并尽可能长时间地留住他们,既需要对用户痛点做精准把握,也需要主播反复打磨与优化留人话术。

⑤ **直播时长**。如果把平台比作一家公司，主播就是这家公司的员工。一个每天工作 8 小时的员工，和一个每天只工作 2 小时，或者隔三岔五偶尔开工的员工，给予他们的待遇和扶持一定是不同的。所以，当你暂时没法达成其他 5 项指标时，勤奋会是唯一的破局之路。

⑥ **成交金额**。即用户在本场直播中下单成交的总金额。金额越高，平台给予的流量自然也越多。因为现在直播间所产生的费用，平台都是会扣除一部分的。换个角度看，就是你在通过直播赚钱，其实也是在为平台赚钱。这个逻辑跟前文第 5 点当然完全一致：哪个"员工"能为"公司"贡献更大金额，"公司"自然就会给予更多流量。

1.5.3 如何快速筹备一场直播

新人想要快速筹备一场直播活动，可以参照如下步骤逐项进行。我们按照直播前、直播中、直播后 3 个阶段进行了划分，并在每个阶段给出相应的落地事项。如果你有直播团队，也可以参考我们罗列出的事项进行人员分工。

• **直播前**

① **定主题**。一场直播的主题，就犹如一条短视频或一篇

图文的选题一样，是重中之重。只有越清楚自己想要传达的主题和希望影响的用户，才越有可能吸引潜在用户进入你的直播间。

②**写脚本**。事先写好直播脚本非常重要，它能有效缓解你在直播开始之后的紧张，确保直播的节奏正常，不容易跑偏。如果你对自己将要在直播间讲述的内容非常有信心，可以只写脚本大纲，比如今天你打算讲几点，把每一点的小标题列出来即可；如果你还是新手且对所述内容不够有把握，我们强烈建议你写脚本逐字稿，它会让你在直播时有文本可依，从容而笃定。

③**拉预约**。新人开播，做好直播前的预热非常重要。这不仅是为了数据更好看，更重要的是，较多人员在线能让主播更有信心，状态也会更好。你可以通过发布短视频进行预告，或者直接在主页告诉大家，比如周一到周五每天晚上 8 点开播，以便让感兴趣的用户提前预约你的直播。

④**磨话术**。直播间是一个快节奏、高互动的实时场域，往往主播一两句话就能决定用户的去留。因此一套成熟的、经过验证的话术格外重要。当然，它需要在实战中反复打磨。

⑤**做预案**。直播间突然黑屏怎么办？有黑粉怎么办？主播突然状态不佳怎么办？事先约好的嘉宾还没来怎么办？对

于一场重要的直播，必须事先有一套预案，以应对直播间可能出现的各种状况。

⑥**备物料**。即直播封面、背景灯光、抽奖的礼品、资料包、PPT等相关物料的筹备。

- **直播中**

①**关注引导**。开播后有人进入直播间，就如同我们在线下开店，有顾客走进了店里。第一件事当然是打招呼："新进入直播间的宝宝，欢迎你，我是×××，我们正在讲×××。"之后，也可以再进行适度的关注引导，比如："可点击左上方我的头像，关注主播。我们今天有新人礼物赠送哦。"

②**点赞引导**。如前文所述，直播间点赞量是引发系统推流的正向指标之一。如果用户不积极，也需要主播做出适当引导。比如："大家把点赞戳到1万，我就给大家唱一首歌好不好？"或者"点赞突破10万，我就给大家分享一个人人都可以用得上的干货。"

③**留人引导**。福袋抽奖是直播间非常有效的留人手段。你可以预先准备好奖品（最好跟你打算销售的产品相关），设置好数量、时长和条件，让用户们参与进来。比如，你可

以将礼品设置为一本书，5分钟后开奖，条件是在评论区打出一句话。那么至少在这5分钟内，参与抽奖的用户一定会愿意留在直播间里，这就有效拉动了在线人数和平均在线时长。

④销售转化。如果你打算在直播间带货或卖课，整场直播的重点自然是产品销讲。但成败的关键点与其说在直播中，不如说在直播前。因为它需要你提前打磨好自己的产品、提炼出精准的亮点，并在直播间用一套能在短时间内打动用户的话术把它讲出来。新手开播，效果不佳是可以预见的，但你至少可以设法努力让用户关注你的账号，或者将他们导入到你的微信，这本身也是一种成功的转化。

- 直播后

①数据复盘。新人初次开播就能获得特别好的数据的情况，是凤毛麟角。大多数情况下，结果都是不太理想的。那么直播后的数据复盘就显得尤为重要。你可以从新增关注人数、在线人数、总观看人数、销售金额等维度逐一分析，找出高或低的原因，找出问题所在，是产品问题还是话术问题，然后有针对性地做迭代优化。

②用户维护。对于直播后新导入抖音社群或微信上的用户，通过后如何打招呼能加深其印象、日常以何种频度连接、

发送什么内容持续交流互动,这都是一名成熟的主播在直播后要考虑的,也是主播背后的运营团队需要重点关注的事情。

【本节总结】

直播是当下最大的红利风口,与短视频相比,它具有高互动、实时性、高时长、轻内容、强变现5大特点,特别适合打造线上消费场景。

影响直播数据的主要因素,是点击率、点赞量、礼物数、在线人数与平均在线时长、直播时长和成交金额,它们共同决定了你的直播间是否会被系统持续推流。

快速筹备一场成功的直播,可按照直播前、直播中与直播后3个阶段进行规划。直播前,需要定主题、写脚本、拉预约、磨话术、做预案、备物料;直播中,需要注意关注引导、点赞引导、留人引导与销售转化;直播后,需要做好数据复盘与用户维护。

1.6 入局社群：掌控人脉连接密码，勘透社群运营底层逻辑

1.6.1 线上社群的本质

提到社群，很多人第一反应都会想到微信群。但我们需要明确的是，微信群≠社群，微信群只是让社群在线上得以实现更高效组织管理的工具载体之一。

社群其实一直都存在，人类自原始社会起就开始以族群的形式生活。社会学家对社群的广义定义是：在某些边界线、地区或领域内发生作用的一切社会关系。在现代社会，线下也有各种俱乐部、圈子、协会等形态的社群存在。移动互联网的兴起和发展、各种社交联系工具的诞生，让人与人之间的聚集交流得以打破空间的限制，在线上产生各种连接，社群也有了新的组织形态和管理方式。

如今在互联网上常见的社群有以下几种形式:

①**组织型社群**。这是以团队组织协作为主的社群组织形式。常见的有以公司的业务为核心,企业内部通过社群模式进行团队管理。与传统的企业有严格上下级、以老板为核心的组织关系相比,以团队组织协作为目的的社群,团队成员之间通常拥有更趋同的价值观,同事间与员工跟领导的关系更像伙伴,岗位层级扁平化。

②**学习型社群**。这是以学习为目的的社群。这类社群通常以学习某个领域的知识为目的,有培训、交流和社交连接的功能。由导师运营方在社群内组织开展一系列的学习活动,社群内以知识输出和讨论交流为主。

③**交付型社群**。这是以交付产品服务为目的的社群。为客户提供具体产品服务的社群,以服务提高客户满意度和购物率。把购买了产品和服务的客户聚集在一起,在群内提供服务的同时,吸引客户自发分享、交流使用体验和心得,形成口碑推荐。

④**圈子型社群**。这是以人脉、资源合作连接为目的的社群。这类社群通常会汇聚某个圈层领域的人,通过组织人脉连接活动,满足用户人脉置换和资源对接的需求,促成用户间的合作。

⑤**兴趣型社群**。这是以兴趣交流为目的,由有相同兴趣

爱好的人聚集组成的社群，比如美食社群、读书社群、健身社群等，用户之间会分享、交流经验，互相激励和督促，在社群内组织丰富的兴趣活动。

社群的类型多样，组织目的也各不相同。但无论社群是因为什么而聚集到一起、以什么样的形式和载体存在、为了达到什么目的，都无法掩盖**社群的本质都是人与人之间基于某种共同的特定的社交关系而连接聚集形成的一个群体**的事实。

1.6.2 职场人拥有社群运营优势，会更易脱颖而出

2015年，线上社群的运营开始蓬勃兴起。高效的信息传递和优良的用户管理模式，让越来越多的公司和个人开始重视做社群。这也让拥有社群思维的人，得以凝聚更大的能量，获得更多的职场机会。

温张敏的私教学员枫叶是河北一家销售型企业的总监助理，工作职责就是协助总监完成会议组织、资料整理等行政工作。在日常的工作沟通中，枫叶发现公司几千号销售人员身处在工作群中，这些群很多，但十分冷清，通常都没有人说话，团队人员的积极性很低，甚至连领导说话时回应的人

都寥寥无几，令传统的培训和惩罚政策无法有效落地。

于是，学过线上社群运营的枫叶就迁移运用了所学方法，去"点燃"工作群，营造出活跃的氛围。她主动给销售同事们做培训，分享方法与技能；毫不吝啬地鼓励同事，对愿意回话、互动的人更是给予积极正反馈；动员公司主管发挥社群精神领袖的作用，关怀下属，鼓舞团队士气。

在枫叶的苦心运营下，公司销售团队的士气和凝聚力得到了显著提升，同事们运用她分享的线上营销与社群运营方法去与客户商谈、维护客户关系，成功获得了客户的信任，促成大单成交，收获长期合作。

因为具备社群运营能力，枫叶跟其他行政助理形成了明显的差异。在公司大裁员的背景下，枫叶反被领导委以重任，肩负起了销售团队的运营和培训赋能工作，建立了自己的职场"护城河"。

枫叶的案例让我们看到，**职场人掌握社群思维及运营能力是极具优势的。**

◎ **能拥有良好的团队管理能力**

社群运营的管理理念通常以正反馈激励为主。设计一个社群需要规划社群的规则、文化价值观、成员结构；需要懂得社群活动的策划和组织，人员的统筹、调配和激励，维系社群成员的认可和黏性。这些不仅是社群运营人员需要具备的能力，同样是团队管理者需要具备的能力。

做一个社群的运营工作其实就是在对一个团队进行管理，能够运营好社群的人通常团队管理能力也不会差。懂得如何运营好社群的人，完全可以将社群运营的方法迁移到团队管理上，协调好同事关系，调动人员积极性，帮助公司更高效地达成业务目标。

◎ 能达成产品的高转化率和购买率

在交付型社群、兴趣型社群等以服务、交流为主的社群里，社群活动和服务对用户关系的培育和维系，能令用户的满意度提高，从而用户对社群运营方及其他工作成员的信任也会相应增强。这使得在此类社群里推荐的产品，会更容易让用户"爱屋及乌"，因信任运营者，他们愿意信任其推荐的产品，进而购买。运营人员则完成了让用户的信任从对人到对物的迁移，提高了产品的转化率和购买率。

◎ 能拥有更强的用户黏性和用户价值

用户在进入社群的初期往往彼此并不相熟，聚集的目的更多是获得社群提供的有价值的内容和服务。社群运营人员可以通过创造互相交流、开放连接的氛围，吸引更多用户彼此认识、连接。因此，在线上社群的运营中，如能让更多人感受到社群的温度，则更容易让用户留下来。

长久留在社群的用户，通常情感连接更深、归属感更强，拥有更高的认同感和黏性。服务好此类用户不仅能够促成更多的成交，也更容易获得好的口碑。用户愿意对社群进行推荐，从而为社群带来更多新用户。因此我们说，线上社群的"铁粉"通常具有极高的用户价值。职场人如果需要运营客户社群，就应当尽力做到"长久留人"。

◎能拥有良好的人脉网络关系

社群运营可以帮助用户建立更紧密的社交关系，这种关系并不是简单的产品和用户之间的买卖关系，也不仅仅是服务与被服务之间的关系。每个社群用户背后，都不只是包括一个用户，更连接着其在社会上的人脉网络和资源。聪明的运营者往往会通过组织各类活动加深与用户的情感连接，获得用户们的人际关系网络，从而获得更强的人脉影响力。

1.6.3 如何提升一个冷冰冰的社群的活跃度

很多人进入了一个误区：认为社群运营就是把一群人拉

到群里，直接往群里面发消息、发产品广告，或者通过组织一些线上活动，就可以达到留存用户、转化用户购买的目的。

实际上这只是社群运营的表象。如果运营官只停留在表象，简单粗暴地发消息，盲目地组织活动，往往会适得其反，造成消息没人看、用户参与度不高的局面。注意力的过度消耗会增加用户负担，致使社群运营不到几个月，群内用户的积极性就流失得差不多了，自然就会变为一片死寂。

社群运营的本质，是借由各种丰富有益的活动和科学严谨的运营方法，不断地把社群里的用户关系由弱关系升级为强关系。 强关系用户的稳定性通常更强，不容易流失，甚至还会自发地为社群、产品做宣传。用户价值越高，对营收的贡献越大。

因此，想提高社群活跃度、提升用户留存和黏性，核心就是要维护并加深用户之间的社交关系。当下，线上社群的数量呈井喷式增长，用户并不缺乏选择，但很多用户最终会为了"此处有更深的社交关系与情感连接"而停留。

所以，社群运营和活动设计，需始终围绕用户情感连接与"人人都希望被看见、被重视"的人性需求出发，创造更好的服务体验。围绕这一底层逻辑，我们总结了3个核心要点，能解决社群运营中的大部分问题。

◎要点1：输出优质的、有价值的内容

社群内是非常需要优质内容产出的。社群用户留存的基础就是社群里的内容价值能够让其受益。我们以焱公子的"IP变现"年度社群为例，来看看他都设计了哪些环节用以提升社群的内容价值：

①**课程培训**。基于社群的主题，选择与之相关的课程培训，以录播、直播或者文字分享的形式提供，提高社群成员在该领域的能力。

②**大咖分享**。邀请社群相关领域的牛人、大咖做主题分享，帮助社群成员拓宽眼界、提高认知。

③**案例分析**。社群用户作为案主参与，运营者组织顾问团，根据案主本人的情况，由顾问团在群里为案主进行诊断，提供针对性的解决方案。

④**专场答疑**。由社群用户做接龙提问，运营者安排专人进行答疑解惑。

在一个社群中，必定会有一定比例喜欢聊天的活跃用户，同时也会有一部分因个人性格不爱参与或是时间原因无暇参与的用户。在运营过程中要格外注意：减少群内无意义的聊天话题的互动，保护用户注意力。高质量的分享胜过低质量的活跃，交流话题尽量围绕跟社群主题相关的内容进行。

同时，运营官可以将内容精华进行整理，发布到云空间、云文档或者其他工具中进行留存，便于错过现场的用户回顾精华内容。这种方式不仅能够有效地保护用户本就稀缺的注意力，也可以让优质的内容进行重复利用。

◎要点2：给予每一位用户足够的关注和重视

很多人加入一个社群后总是默默观察、不爱发言。事实上，他们不发言的原因很可能是不知道如何开口，担心无人回应。因此，社群不活跃、用户流失率过高，除了用户得不到自己需要的有价值的内容之外，大多数是因为在社群内没有存在感，不被人关注，缺少了良好的体验。

想要提升社群活跃度和用户留存，就要给予这类人群以关注和重视，帮助他们更快、更好地融入社群，可以做以下几个环节的设置：

①**入群时的欢迎仪式。** 在社群建立初期，举办一场仪式感十足的入群欢迎仪式。提前发送自我介绍模板，安排好每位用户专属的自我介绍时间。在仪式开始后，用户们一个接一个出场，运营者积极回应，给予每个人以热烈的欢迎。虽然仅仅是一小段自我介绍的时间，却是专属于个人的，会提升用户的体验感。

热烈的人群欢迎仪式能够提高社群温度,让用户短时间内对社群产生归属感。

②**用户的专属分享日**。设置专属分享日,让每个成员都能有机会在所有人面前进行自我介绍和展示。焱公子的"IP变现"年度社群中就设置了"一周学委",每周邀请一位成员担任学委,在群内值周。周日晚上还会给予专属的时间,让学委进行自我介绍和经验分享与展示,让社群内更多人可以认识和了解学委。

③**用户表白日**。根据节假日,例如情人节、"5·20"等来增设"表白日",让成员互相表白、感谢社群内的小伙伴。也可以由管理组给每位用户写一封表白信,照顾到每一个人。

除了环节的设置,在平常的运营过程当中,运营官还应该时刻关注用户的举动,在以下3个方面及时给予反馈。

①**群内回应**。经常会有成员在社群里发言、提问、寻求帮助或者反馈信息,需要运营官及时进行回应和反馈。可以安排运营人员值班,尽可能第一时间对用户的发言、提问、反馈做出回复。如果确实有各种原因不能够第一时间回应,也需要在上线的时间立即处理反馈。

②**私聊关怀**。对于平时存在感不强、不怎么"冒泡"的用户,可以多关注他们的社交动态,例如常常给其朋友圈点

赞、时常在微信上私聊、关心询问其在社群里的体验和收获，或是在用户生日等重要时刻送上祝福，让用户能够感受到社群的温度。

③鼓励和表扬。鼓励和表扬的本质，是看见用户的正向行为，及时给予鼓励和嘉奖。通过不断给予正反馈与认可来激励用户做出更多正向的行为。例如，对克服困难全勤完成任务、积极主动在社群回复问题帮助他人、主动参与活动等用户行为，都可以第一时间在社群内公开鼓励、夸奖，或是设置各种勋章、奖状，在运营期间颁发。对用户的表扬，除了在社群里公开进行，还可以与个人私聊，进一步肯定对方的行为，感谢对方的付出。

◎要点3：调动用户的充分参与和连接

社群不是运营者的独角戏，只有成员充分参与和彼此深度连接，才能使之真正融入，产生归属感。在社群活动的设置上，需要充分考虑成员的连接需求，提升成员的参与感。可以参考以下环节的设置：

①志愿者申请。让社群成员一起参与到社群活动的组织策划中来，成为社群运营志愿者。最好的团建就是一起打胜仗，用户们在一起协作的过程中促进交流，可以很好地积累战友情，对社群产生更强的归属感。

②**约聊通话**。设置线上云咖啡通话环节，让社群成员之间线上约聊，交流彼此在相关领域的经验，促进连接，增进了解。

③**专场对接会**。帮助社群成员发布他们的资源，组织专场活动，实现成员之间的人脉、资源对接。

④**线下交流活动**。线上聊千遍，不如线下见一面。线上活动组织得再多，在没有见过面的情况下，用户始终会觉得彼此之间有距离感。而线下活动可以打破这种距离感，让用户更真实地感觉到彼此的存在，促进其社交关系的深度连接。

线下活动可以是小范围的聚餐交流，也可以是官方举办的主题式的活动，例如圆桌会、游学、闭门会等。活动举办时，运营官需要注重多方交流环节的设置，可以增加专门的互动破冰环节和分享环节，让活动参与者有机会彼此认识，跟线上的名字对上号。专属的互动破冰环节既能活跃气氛，也能提高成员之间的连接效率。

在社群运营上，运营和活动方案设计围绕以上3个要点进行，可以很大程度提高社群成员的信任感和归属感，增强用户黏性。人们会忘记你说过的话、做过的事，但是不会忘记你带给他的感受。

【本节总结】

社群运营的本质是对社交关系的管理和维系。随着线上互联网工具的发展,社群也有了组织型社群、学习型社群、交付型社群、圈子型社群、兴趣型社群等多样化的社群形式。

掌握社群思维和运营能力,能够拥有良好的团队管理能力、达成产品的高转化率和购买率、拥有更强的用户黏性和用户价值、拥有良好的人脉网络关系。

掌握社群运营的底层逻辑,围绕输出优质的且有价值的内容、给予每一位用户足够的关注和重视、调动用户的充分参与和连接这3个核心要点,用丰富有益的活动和科学严谨的运营方法,满足用户社交和情感连接需求,才能为用户创造更好的服务体验,获得用户的认可和信任,提高用户留存和转化。

第二章

学习力：人人都能掌握的学习指南，10倍放大你的价值

信息爆炸的时代，每一天都有新名词扑面而来，比如"4D打印""无人驾驶""元宇宙"等等，相应的，数据挖掘工程师、算法工程师、VR场景工程师、全媒体运营师等各种新职业也纷纷出现。

世界经济论坛发布的《2020年未来就业报告》中曾提到，"预计到2025年，新技术的引进和人机之间劳动分工的变化，将导致8,500万个工作岗位消失，同时将创造9,700万个新工作岗位。目前，绝大部分职场人掌握的核心技能将有44%会在未来5年内发生更替和变化。到了2025年，全球预计有50%的劳动者需要接受再培训，才有可能适应新的岗位需求。"

由此，不难看出，**学习力正在成为职场人职业生涯中的核心能力。**

拥有着持续且快速学习能力的学习者将会是企业的宝贵财产。**本章将从优势定位、迭代精进、高效复利、终身成长4个方面，介绍职场人如何提升学习力，用以更好地构建职场竞争力。**

2.1 优势定位：一套拿来即用的个体进阶法则，实现从问题到优势的转变

2.1.1 了解自身优势，在职场能少走弯路

什么是优势？著名的盖洛普公司是这样定义优势的：优势＝天赋 × 投入。

天赋是你与生俱来的性格特质，而投入，是指你投入时间而得到的技能与知识。技能是通过理论和实践而形成的动作方式或智力活动方式，经过练习和模仿而达成能够完成某项工作的能力。知识，是人们在改造世界的实践中所获得的认识和经验的总和。举个例子：你擅长沟通，并执着地在销售领域投入了大量的时间，最终你取得了比同行人更好的成绩，这就是你的优势。

谷燕燕在公司的第一岗位是销售运营，她很擅长沟通，所以她在销售运营岗位上成绩很棒。但谷燕燕不擅长数据处理与分析，每次领导让她做运营数据分析的时候，她都很痛苦，所提交的分析报告领导也很不满意。谷燕燕想去弥补这个短板，希望获得领导的认可，于是投入了大量时间去学习数据分析相关的课程，但始终搞不定各种公式。她很受挫。

在职场，是该聚焦发挥优势，一招制胜；还是花足量时间弥补弱势，全面发展？

谷燕燕开始走上自我探索之路时，她发现有些事情即使自己不会也直觉地想要去尝试。比如，微信公众号刚诞生那年，她就主动跟领导申请，想帮公司开通并运营公司的公众号。在领导同意后，从未接触过这一领域的谷燕燕，想尽办法坚持日更公众号文章，并尽最大努力去做推广和运营。

在尝试运营公司的公众号一个月后，谷燕燕就发挥优势，打通了线上线下销售运营转化的闭环，帮助公司在业绩上有了提升。这种成就感激励着谷燕燕愿意投入更多的时间研究这个领域。

之后，公司发现谷燕燕在这方面有优势，就让她全面负责公司的新媒体运营。谷燕燕向领导坦承自己在数据处理与分析上的劣势，并说明如果想运营好公众号，文章与数据都很重要。公司答应了让她自己选择擅长数据分析的伙伴做搭档。

在谷燕燕的这个例子中，我们不难发现，在努力投入相同的时间内，一个人如果聚焦优势，会更容易在工作上取得成绩。

职场人想快速了解自己的优势，可以从 3 个方向着手。

◎方向 1：找那些让自己有成就感的

对优势最常见的定义是"你所擅长的"，这没错，但不够完整。在判断优势的时候，你需要关注哪些事情是你只要一想到就会满怀成就感的，这种感觉推动着你不断前进，不断帮你加固优势。

◎方向 2：找那些让自己有直觉感的

在职场中，我们要接触的很多事情可能是你从前从来没有接触过的，但有些事情你会直觉地想要去试试。而且你相信，这些事情你做起来会特别得心应手，甚至比一些熟练工做得还要好，这就是你的优势领域。

◎方向 3：找那些让自己被需要的

寻找个人优势的时候，你不仅要关注自己有什么，更需要关注市场缺什么。如果你拥有的恰好是市场缺失的,那么你的付出会让你更有成就感,你也会更愿意投入时间去打磨你的优势。

如何找到你的优势? 谷燕燕运用了3个步骤来发现自己的优势,供大家参考:

①记录:观察并记录你一周所做的事。可以做一份表格,在左侧,可记下哪些事情让自己感到有成就感、愿意主动去做;右侧则记录哪些事情是让你感到挫败、沮丧,想要躲避的。

②分析:针对你记录的事件进行分析,分析为什么做这件事会让你感到有成就感,为什么想主动花更多时间去做,找到真正对你有价值的优势。

③验证:借助专业的测评验证你所找的优势是不是你真正的优势。目前,市面上常用的优势测评工具有盖洛普优势测试等。

谷燕燕曾连续7天记录自己的行为,观察所记录的成就事件时发现,"今天帮助客户解决了一个困惑,我很有成就感"出现的频次较多。她针对这一事件进行分析:为什么帮助客户解决了一个困惑会让自己很有成就感?是帮某一个人解决问题很有成就感,还是帮所有人解决问题都很有成就感?

是解决所有问题都有成就感，还是解决某类问题很有成就感？

分析结果是，当她帮助所有人在解决成长方向类问题的时候，很有成就感。然后，谷燕燕又去做了盖洛普优势测试，她发现自己的34项优势中，"伯乐""信仰"分数很高，对照这两个词的解释，就刚好验证了谷燕燕对自己的优势探索。

还有一个有趣的现象。谷燕燕每年都会做一次盖洛普测评，当她拿出连续5年的盖洛普报告对比时，她惊呆了。这5年她经历过很多事，针对很多能力刻意做了练习，但无论她经历了什么样的训练，她的34项优势排名中，"行动""信仰""诚实""伯乐"始终在前10项，而"分析""回顾""审慎"一直是最后3名。这样的测评结果再次验证：谷燕燕对自己的规划是正确的。职场10年，她深耕人力资源运营，就是一直聚焦在优势领域，工作也逐年收获成绩。

不少初入职场的新人，会恨不得立刻找到优势，然后马上"功成名就"。其实，**优势的自我探索需要长时间的记录、分析与验证**，是一个急不得的过程。哈兰·山德士上校66岁创办肯德基，褚时健74岁才开始种褚橙。如果你现在还没发现自己的优势，不用着急和焦虑。只要一直在行动，都不算晚。

每个人都有自己的优势，每个人都能在自己擅长的领域里成为英雄。

2.1.2 找准定位，职场干活才能事半功倍

《定位》一书中提到，所谓定位就是你在别人心智中的样子。比如，在公司里你的PPT做得很好，同事们要做PPT时总是第一时间就会想到你。则说明你的PPT做得好的定位，已经深入人心。

①**拥有定位，更容易被看见。** 你如果能做细分领域的第一名，会更容易被人关注到。例如上文所说的"公司PPT第一人"。职场中，很多人在有了"第一名"的定位标签后，就更容易被上司或客户记住、被同事们提及。诚如，你们公司的销售冠军是谁？你肯定能第一时间回答出来。

②**聚焦定位，更容易取得成就。** 很多人因为没有聚焦定位，会选择不断跳槽，总是换不同的行业、不同的职业岗位。不断跳槽的结局是，好几年过去，尽管这个人看似懂得不少，但实际上每一份工作的水平都还只是停留在最初的位置。与之相反的是，有的职场人会用数十年来聚焦一个行业，深度

耕耘，由初级小透明升级为细分领域的专家，也就更容易取得成就。

③定位精准，更容易构建稀缺竞争力，交换到资源。谷燕燕的朋友代晓丽从创业初期就垂直聚焦于做 HR 论坛，几年如一日地深耕，如今做成了行业领域的高端论坛。当她想要拓宽业务，从一个城市扩容到其他城市时，基于此前的积累，她很轻松就得到了大量优秀人力资源机构与人才的支持，进而互做资源交换、达成合作。

那么，职场人如何才能找准自己的定位？

给大家提供一种简单易行又效果很好的"问题定位法"——只需要认真回答 9 个问题，就可以帮助你梳理优势定位。

问题 1：你喜欢你的工作吗？如果不，那你喜欢做什么？

问题 2：如果你确定不会失败，那么你会做什么？

问题 3：你在你的工作上有天赋吗？如果没有，那么你在哪些方面有天赋呢？

问题 4：如何用你的天赋解决他人的难题？

问题 5：你的短板是什么？针对自己的弱点你有哪些应对措施？

问题 6：谁可以凭借自己的优势"训练"你？

问题7：你想在5年后变成谁？

问题8：你想在5年后做什么？

问题9：你想在5年后拥有什么？

当初在思考转型时，谷燕燕就通过以上9个问题进行了自我剖析。虽然喜欢销售运营工作，但她更希望成为某个领域的专家、顾问，拥有自己的事业。在选择事业方向时，她坚定地选择了以"推动人力资源从业者的成长"为今后努力奋斗的方向。

谷燕燕的思考包含了她对自己优势的精准了解——具备伯乐特质，善于发现每个人的潜能。同时，也包含了她过往工作的定位：曾推动过很多HR的成长。

她的短板是只拥有一个行业的销售运营经验，若是想继续聚焦人力领域，则需要更全面的知识。她希望能在5年后，成为一个靠丰富的专业经验来推动HR成长的专家，拥有自己的工作室，拥有一批可以彼此滋养的事业合伙人，共同推动HR行业茁壮成长。

当你把9个问题的答案写完，并在一定程度上梳理好优势、确立了定位后，**要如何做才能让定位立得牢、站得住？** 可以试试以下3个步骤。下面我们同样以谷燕燕给自己立牢定位为例：

- 第一步：使用 SWOT 分析。"S"（strengths）是优势、"W"（weaknesses）是劣势、"O"（opportunities）是机会、"T"（threats）是威胁。通过分析，谷燕燕的优势是有着多年人力资源行业销售运营经验，能独立负责公司的新媒体平台与社群运营；劣势是在职场多年，有一定的专业力与影响力，但没有个人品牌相关知识的积累。新媒体与互联网是行业趋势，大有可为；在 HR 领域，懂新媒体、懂运营的并不多，谷燕燕所受的竞品威胁较小。故此，她坚定了自己的定位为人力资源领域的新媒体讲师，给 HR 们讲授新媒体运营课程，也教 HR 们打造自己的个人品牌。

- 第二步：找到对标对象。寻找 30 个对标对象，拆解他们的路径，先做跟随者与模仿者，然后创新，做出自己的特色，争取超越对标对象。谷燕燕搜索了与自己定位相关的 30 位行业大佬，开始大量地收集他们的文字、视频与公众场合的演讲，拆解对方一步一步走到今天、成为大咖的成长轨迹，再结合自身实际学习与化用。

- 第三步：践行"长板理论"。以前的"木桶理论"是希望每一块板都能平均长度，但在互联网时代，如果你每一项都平平无奇，是很难脱颖而出的。所以，现在的职场人更需要"长板理论",即你在一个擅长的点上实现单点突破,借助这块"长板"会更容易被人记住。谷燕燕最擅长的就是做运营,所以她后来一直坚持在人力资源领域认真做运营官,也就在这个细分赛道形成了自己的影响力,扎住了定位。

职场上有很多人会在求职简历上写自己拥有数年甚至数十年的工作经验,但求职的依然是普通员工岗,原因大概率就是他们没能找准定位,没有在一个领域深耕,也没有打造出"长板",自然也就无法让自己获取更高价值、更多资源。

2.1.3 历经优势定位的 3 个阶段,实现个体进阶

定位不是一成不变的,随着环境与经历的变化,定位也会不断变化。如果把人的一生比喻成是在经营一家公司,那么按照企业生命周期理论,个体的人生定位也会经历着不同的阶段。

◎**优势定位的第一阶段:试错期,找到优势定位**

真正的定位是不容易一下子就找到的。在职场竞争环境中,**你可以做的事情是什么?基于资源和能力你能够做什么?**

你的内心渴望做什么？ 三者需要相互协调、逐渐磨合。协调与磨合的过程，是一个极不容易的阶段。身处这个阶段，每个人都应该有强烈的试错意识。

如何正确试错？

企业在研发产品阶段，常常使用"最小化可实行产品测试法"（MVP），即用最低成本和代价来验证商业的可行性，并通过市场反馈不断进行产品迭代优化。同理，你也可以借助最小化可实行产品测试法不断试验，在试错中了解什么可以做、什么不可以做、什么是有效的，找到内心最笃定的那个点。

当你能够快速在一个领域取得你想要的职场价值，有了自己的代表作或在公司某个领域成为第一名，就可以结束试错了。

谷燕燕在上大学时经常参加各种管理培训课程，她特别羡慕站在台上的老师，希望有朝一日也能成为一名管理培训师。大学毕业后，因自觉没背景、没资源、没经验，她给自己的定位是先成为一名讲师助理。

入职之后，谷燕燕的领导给她做了优势测评，发现谷燕燕特别擅长运营与销售，而且她在做运营类的工作时，上手快、自驱力强。于是，领导便建议她暂时放弃管理培训师的定位，可基于自身优势，把职场定位调整为公司的首席运营官。

谷燕燕也没犹豫，就按领导的建议照办了。因为优势明显、定位精准，她很快脱颖而出，从小助理一跃成为独立的项目负责人。一年后更是迅速成长为分公司的运营负责人，3年后她就做了公司的联合创始人。这时，谷燕燕才开始申请内部转岗，想去实现管理培训师的梦想。

谷燕燕从毕业到当上联合创始人，其间屡次调整，才找到适合自己的定位。所以，**职场人在试错期不必心急，要针对自身优势，多给自己机会，不断尝试。**

◎优势定位第二阶段：深耕期，力出一孔，单点破局

深耕期需要你把时间以及所掌握的资源集合到一起，集中精力深入探索一个领域。在此阶段，你要沉住气，埋头打磨代表作。优秀的作品是你被他人认可的最好方式。同时，最好是把时间都放在一个行业上，本着先精通一个行业的目标，构建起知识结构，然后才能做迁移。

当谷燕燕确认定位是运营领域后，她开始深度聚焦运营领域，坚持每天写一篇公众号文章，一个人负责全国8个城市逾30个合计超15,000人的微信群运营。同时，她不断对接同行，开通合作渠道，把自己运营的项目打造成为行业内经典项目。用了10年的时间在人力资源领域深耕运营后，谷

燕燕成为了行业内小有名气的运营官。

这里需要注意的是：**在职场上，深耕一个定位并不是将"一颗钉子"钉下去就不再动了，它不是终点，它是优势定位的突破点**。有了突破点，你才会拥有更多的可能性。

◎优势定位第三阶段：迭代期，突破创新，迭代新定位

每个事物都不会无限增长。在职场成长中，你需要时刻关注大环境中技术、市场，甚至收入增长速度等要素是否发生了变化。比如你的收入增长速度放缓了，原因是什么？你极擅长的技术突然不需要你了，原因会不会是被人工智能替代了？

当出现以上现象，如收入增长缓慢或市场环境发生变化时，你就要开始思考定位迭代了。

谷燕燕在HR领域做了10年，在转型创业后，她基于自己过往的优势和时代趋势，想聚焦做HR个人品牌打造。但是，她过往的积累中并没有这些经验。于是，她投入了大量资金去学习个人品牌打造，成为了焱公子"IP打造私教班"的学员。在老师的指导下，她通过制作个人品牌故事视频进入用户心智，让大家了解到她现在的定位与正在做的事情，成功"激活"了不少久未联系的渠道合作的朋友，还获得了10多家机构的合作邀约。

通过学习、借助外力,谷燕燕实现了定位的迭代。

要实现突破,最好的方法是投资学习、做快速积累,而不是一直自行摸索。要知道,站在巨人的肩膀上,借助前人的经验,可以让我们少走弯路。按照旧的模式,只会走上旧的道路。所以,不要一开始就期望找到终身定位。眼观当下,立足现在,你会更容易找到突破点。

每个人的人生都有无限可能,当下你是谁不重要,重要的是你想要成为谁。**找到你想要成为的那个目标,用优势加速成长**,人人都可以遇见更好的自己。

【本节总结】

了解自身优势,你在职场能少走弯路。职场人想快速了解自己的优势,可以从3个方向着手:找那些让自己有成就感的;找那些让自己有直觉感的;找那些让自己被需要的。你可以通过记录、分析、验证3个步骤找到自身优势。

找对定位,职场干活才能事半功倍。找对定位至少有3个好处:拥有定位,更容易被看见;聚焦定位,更容易取得成就;定位精准,更容易构建稀缺竞争力,交换到资源。想要找到你的优势定位,你可以用简单易行又效果很好的"问题定位法"。梳理完定位后,想要让定位立得牢、站得住,你还需要做3个步骤：第一步，使用SWOT分析，找对定位；第二步，找到对标对象；第三步，践行"长板理论"。

想要实现个体不断进阶，需要经历优势定位的3个阶段：第一阶段，试错期，找到优势定位；第二阶段，深耕期，力出一孔，单点破局，成为细分领域第一名；第三阶段，迭代期，突破创新，迭代新定位。

2.2 迭代精进：学会复盘比埋头努力重要，让经验转化为能力的职场精进术

2.2.1 复盘是职场人迭代精进的核心法宝

《原则》的作者瑞·达利欧曾说："大多数人犯下的最大错误是没有客观地看待自己以及他人，这导致他们一次次跌倒在自己的弱点上。极少数人之所以能成功，是因为他们能够超越自身，能够客观地看待事物并洞察事物的真相。"

很多时候，我们面对问题习惯性依赖于固有的思维模式，用过去的经验和方法处理问题。"拿着旧地图，你永远无法到达新的大陆。"因此，**解决问题的关键在于跳出旧思维、升级新的思维认知。**

柳传志说："在这些年的管理工作和自我成长中，复盘

是最令我受益的工具之一。"很多高手都会有这样的习惯：随时用第三人视角观察、审视、反省并提出优化改进意见。这其实就是一种复盘思维。

一提到复盘，很多人就想到工作总结，但复盘和工作总结有着本质上的区别。

◎区别1：复盘是以提炼经验为导向，总结是结果呈现

复盘的目的是让个人和团队能够从刚刚过去的经历中进行学习，提炼经验，方便后续复制与改进。工作总结的目的是对前一段的工作进行归纳，往往会以陈述自己的成绩为主，经常与绩效考核挂钩，不需包含深入的反思与剖析。

◎区别2：复盘需要系统化的流程，总结是梳理与汇报

复盘是以提炼经验为导向，要涵盖回顾目标、对比结果、分析原因、得出经验与教训等系统流程，并让人阅读后可将其转化应用，才能算是一次完整的复盘。而总结是对一定时期的工作或某个事件做梳理与汇报，除非组织有要求，一般不需要流程和结构。

◎区别3：复盘需亲身经历，总结可以是第三视角

复盘聚焦的是分析与推演，如果不是自己的亲身经历，

仅仅是看到结果，是无法做复盘的。但是工作总结却可以是第三视角，即看到现象、分析现象，进而归纳出方法。这也是复盘和总结最大的区别。

职场人学会复盘，好处多多。

◎好处 1：避免重复犯错

在职场，工作常会有大量重复。比如你在销售岗，每天需要打电话拜访客户。假设第一个月每天打 100 个电话能成交 1 个客户，如果你不复盘，不去发现问题，在第二个月时，依旧继续按照上个月同样的模式打电话，那么极有可能你这个月每天打出 100 个电话，也还是只能成交 1 个客户。

若你善用复盘，懂得做出相应分析：客户为什么会没听完介绍就挂断呢？可能是开场话术不对、可能是痛点没有找准、可能是卖点没有介绍清晰……从而，你会针对开场话术、痛点、卖点等做优化。如此一来，第二个月、第三个月，之后的每个月，通过不断复盘、总结不足、提炼出解决方案，就很有可能会提升成交数，同样每天打 100 个电话，成交量却能从 1 个到 3 个、5 个甚至更多。

勤于复盘，能帮助你避免重复犯错，缩短获取成功的时间。

◎**好处 2：提炼共性规律**

在职场，我们可能会遇到很多突发事件，很多个案背后都会有共性的规律。如果不复盘，你很难找到问题的底层逻辑，但善于复盘的职场人却能洞察问题背后的规律。

谷燕燕有一个私教学员叫邵卫，她在一家公司做 HR，10 年时间从专员到人力总监，并陪伴着公司从初创到上市，还拥有公司的原始股票。为什么邵卫会成长得这么快？她说，公司交给她的每份工作，她不仅都能高效完成，而且只要是她经手的项目，都会写出复盘报告。她习惯去找到事与事之间的底层方法和规律，最后输出工作模型，毫无保留地给到团队成员复制，避免大家"摔坑"。正是因为有着良好的复盘习惯，她屡次荣获项目佳绩，被评选为典型案例，在行业大型论坛上做榜样分享。

◎**好处 3：促进目标达成**

很多人都会在一年年初的时候写下整年的目标，但大部分人到了年底的时候，会发现目标并没有达成。产生这个现象的原因有很多，不善于复盘是重要原因之一。

谷燕燕的私教学员丽娜在联想公司做了 10 年 HR，她特别擅长复盘，每年都会给自己设立成长目标，然后在每个月的月末根据年初目标来做复盘。她说，假设这个月没能按计划达成目标，那么第二个月她就会对结果做优化，并努力赶上进度，以确保年目标达成。正是有了这样高效的目标达成，丽娜在工作中独当一面，业绩出众，成为年薪百万的 HR。

复盘基于个人的实践，每个人的反思、分析、提炼的深度都有差异，你以为发现了事物的规律，实际上可能并非如此。复盘可以帮你提炼经验，但不要只依赖复盘获取经验。我们需要借助各种方式获取经验，各取所长，才能更快、更好地提升自己的能力。

2.2.2 如何借助复盘，把经验转化为能力

我们经常能看到这样的现象：参加同一场学习的一批人，回到公司后，有的人工作效率高，工作完成度也高；有的人工作效率低，出现反复返工甚至依旧无法达到预期的情况。

为什么会有如此大的差别？

职场人的学习由 3 个环节构成：输入、内化、输出。很多人外出学习，通常只做第一环：上课、听课、拍照、做笔记、发朋友圈，然后就认为自己已经学过了。但职场高手会从环节 1 到 3 走一个来回。他们将学到的内容不断在工作中实践，

并复盘出哪里做得好；甚至还会思考如何能做得更好；也会反思哪里做得不好，是什么原因导致的，下次应该怎么避免以及正确的解决方案是什么，需要哪些支援……

反思、反馈、修正，然后再行动、再反思、再优化，不断复盘迭代，将输入慢慢转化为输出。

那么，**如何借助复盘做迭代，把经验转化为能力呢？** 给大家提供两种人人都能掌握的、好用的复盘框架。

◎第一种：联想公司的"复盘4步法"

这个复盘4步法在联想和很多企业都已经得到验证。它的复盘使用对象可以是企业的决策战略，可以是某个项目的进展，也可以是发生在自己或者他人身上的大事、小事。

联想把复盘分为4步：

步骤1：**回顾目标**。要做好这一步，前提是你设定的目标具体、可量化。

步骤2：**评估结果**。对比目标和结果的差异在哪里，好的地方是什么、不好的地方是什么。

步骤3：**分析原因**。针对差异点逐条分析，在分析原因的时候，为了避免思维盲点，可以选用一些分析框架，比如鱼骨图、5W2H等。

步骤 4：总结经验。针对步骤 3 中分析的原因，好的地方提炼经验，放入经验库，方便后续给团队复制；坏的地方形成可行性的改善建议，做实践测试，验证方案的正确性。这就进入了下一轮项目，等项目完成，再复盘迭代。

举个例子，谷燕燕给自己定了一个"每周阅读一本书"的计划，结果一周过去了，第一本书才看了三分之一，而且看过的内容她都没记住。

谷燕燕遂针对这一结果展开分析，她发现：自己每天投入的时间有限，只有 30 分钟；阅读速度慢，30 分钟阅读的内容有限；读书时只做了泛读，没有做笔记，没有输出就不能把书本知识内化为自己的知识。

谷燕燕做了复盘，发现了问题所在后，就做出了解决方案：读书要做读书笔记，并尝试将阅读心得变成文章分享出去。因为输出能让阅读更高效。之后，她便开始了第二周的行动：停止泛读，每天阅读完后输出读书心得，并坚持每天读 30 分钟以上。

使用联想公司的"复盘 4 步法"有个前提：所有复盘者必须放下情绪、开启心扉、实事求是、真实面对，这样才能从事件中提炼真正的经验，否则很容易变成自我的批斗会。

◎第二种：用"TPTP 法"写复盘日志

这个复盘方法适合每天的职场工作复盘。

什么是"TPTP法"?

☆ "T": to-do list, 待办清单。梳理当天的计划清单, 工作的时候随手把已完成的内容打上钩。在一天工作结束的时候, 将完成项和未完成项做一份汇总, 并分析原因。

☆ "P": problem, 遇到哪些问题。记录一天工作中遇到的问题, 包含未知的问题、已知的问题等。比如:你自身能力的不足、你对新项目的不理解、你对上级决策的建议或想法、你和与你配合工作同事的沟通方式等。

☆ "T": try, 计划尝试如何解决这些问题、有什么心得。把遇到的问题与你所尝试的解决方案记录在工作日志中, 并反馈给管理者。这样做一方面能得到领导的指导, 避免走弯路;另一方面也会给领导留下积极工作的印象。

☆ "P": plan, 明天的计划是什么。每天睡觉前, 可提前一天写好计划。在第二天, 就能更好地管理目标, 从容安排工作, 也可以让领导知道你的工作安排, 在合适的情况下, 来帮你看看你的工作安排是否合理。

四者一体, 形成系统的框架式思维, 能很好地指导我们在工作当中出现的偏差, 并及时做调整。

谷燕燕在指导某企业时遇到过这样的问题:员工们反馈每天很忙, 但工作成果却很少。谷燕燕就建议员工参照"TPTP

法"写复盘日志。大家如实记录了一周，很多人发现自己每天实际做的工作与计划制订的工作完全不一样。

这时，谷燕燕引导员工们进行反思，到底是哪里出了问题。大家开始有意识地做复盘，分析计划是否合理、分析每项工作花费的时间是否合理等等，分析之后开始迭代。又过了一周，很多员工能做到每天的工作和计划基本匹配，全员工作效率开始逐步提升。

人的很多信念、情绪、想法隐藏在每天发生的事情的细节当中，如果不使用框架思维帮助自己思考，就常会陷入思维盲区。借助"TPTP法"，使用框架思维，可以帮助你完整回顾事件，对比目标、找到差距，同时洞察自身不足，及时做出改进。借助大脑的刻意练习，学会洞察事件背后的真相及底层逻辑，快速形成处理工作的方法论。

歌德说："经验只是经验的一半。"你活了很多年并不代表你就自动获得了经验，只有对所做过的事多进行回顾和反思，借助复盘，才能更好地把经验转化为能力。

2.2.3 职场精英都有一套复盘体系

谷燕燕在深入研究复盘后发现，身边的职场高手都有着一套基于"日-周-月-年"的复盘体系,用以确保每年目标的达成。

◎每日复盘：对标计划，记录反思

日复盘是其他复盘的原始数据,务必如实记录。日复盘的主要内容包括:当天的工作状态、工作结果、经验收获、可能存在的问题,并尝试分析出现问题的原因,提出解决方案。做每日复盘除了可用"TPTP法""复盘4步法",也可以自行设计复盘框架。

◎每周复盘：分析原因，提炼经验

相对于每日复盘来说,周复盘是7天一次,所以做周复盘关注的重点跟日复盘很不一样。周复盘的主要内容包括:

• 回顾。对比周目标与结果达成情况,找到差距原因;

• 增加。某项工作的解决方法是否有效。若有效,添加到工作经验汇总表中做经验累积;

• 制订。制订出下周计划。

◎每月复盘：能力梳理，目标修正

年度复盘由12个月的月度复盘组成,每个月的复盘结果都会影响到年度目标,所以月度复盘的关键是目标修正,确保年度目标的达成。月度复盘的内容主要聚焦在以下方面：

• 分析。回顾月度目标与结果达成情况，找到差距原因；

• 梳理。梳理本月的大事件，比如：重要工作的进展、新技能的学习、人脉的建立……为什么定义它为本月大事件？对年度目标有哪些影响？对人生目标有哪些影响？

• 排查。排查连续 4 周出现的问题有哪些，为什么它们会一直存在？为解决这些问题，你在本月做了哪些努力？结果如何？

• 寻解。向上级或团队做反馈，并向周围优秀的人请教，找到新的解决方案。

• 关注。在下个月的行动计划中，重点关注目标与尚需突破的重点。

◎年度复盘：收入分析，战略校准

每个人都是自己的 CEO，CEO 最核心的职责就是制定战略，达成战略。年度复盘的重点就是要梳理战略，并制定新的年度战略与行动计划。做年度战略复盘，可以使用联想的"复盘 4 步法"。在这个过程中，也可以借助一些问题来做深度思考，以期制定出更高效、更落地的年度目标。例如：

• 我的人生目标是什么？

• 过去的1年，我的收入目标是什么？我达成的结果是什么？

• 过去的1年，我取得了哪些成就？这些成就是否是我想要的？

• 新的1年，我的收入目标是多少？

• 想要达成收入目标，我的行动计划是什么？

谷燕燕有一个私教学员叫张兰凤，她给自己制定了一个战略目标：5年内要成功转型为人力资源管理咨询师。于是，基于这个总体战略计划，她拆解到每一年，相应制订年度计划。比如第一年主要专注于知识体系构建，第二年更多关注在企业里获得的实操机会等等。

她有一个很好的习惯：每年都会准备一本年度手册。在第一页写下这一年的年度目标：收入目标、学习目标、成长目标等。每晚她还会在上面做工作复盘记录。并且，当一周结束的时候，她会翻开手册，认真复盘这一周自己增加了哪些经验，有哪些需要提升的地方。每月月底的时候，又会复盘当月计划目标是否达成，有没有做新的能力提升，如果没有，问题出在哪里，如何做更好的突破……年末，她更是结合5年大战略，重新制订下一年的规划。

正是在这样良好复盘习惯的驱动下，张兰凤在第 5 年工作时就顺利完成了人力资源咨询师的转型。

网络上有一句话是这样说的："学会复盘，人生才能翻盘。"真是这样吗？其实不一定。**复盘与翻盘是有一个前提的，你需要对自己有非常明确的目标，做出的复盘才是有效复盘。无效的复盘，是无法翻盘的。**

当然，如果你当下还没有明确的目标，也不要紧，可以先从设定每日目标开始。因为复盘不仅适用于职场，也适用于日常的学习和生活。你若能确保每一天的你都比昨天变得更好一点，就是在不断精进了，正如海明威所言："真正的高贵，是优于过去的自己。"

【本节总结】

复盘是职场人迭代精进的核心法宝，但复盘不是总结。区别在于：复盘是以提炼经验为导向的，总结只是结果呈现；复盘需要系统化的流程，总结是梳理与汇报；复盘需亲身经历，总结可以是第三视角。在职场中学会复盘，好处多多：避免重复犯错；提炼共性规律；促进目标达成。

想要把经验转化为能力，可以借助两个复盘框架：联想公司的"复盘 4 步法"和"TPTP 法"。

职场高手都有着一套基于"日-周-月-年"的复盘体系，用以确保每年目标的达成。每日复盘：对标计划，记录反思。每周复盘：分析原因，提炼经验。每月复盘：能力梳理，目标修正。年度复盘：收入分析，战略校准。

2.3
高效复利：积小胜为大胜，快速提升财富与价值的有效方法

2.3.1 要想财富提升，不可忽视复利效应

随着未来生物科学的发展，百岁人生会是常态。试想，如果65岁退休，离100岁还有35年，除了退休金，你还想额外拥有收入，但你又已经是不上班的状态，那收入可以从哪里来？

在美国有一位快递小哥，据说于1924年加入UPS（美国联合包裹服务公司）后就努力工作，不断升职。他的年收入从未超过14,000美元，且有一大家子要养活，每月也都需支付水、电、煤等费用，但他在每次领到工资（包括年终奖）后，就会拿出20%的收入购买UPS公司的股票。于是，这位小哥

年满90岁的时候,他手上的股票市值早超过了7,000万美元。

这个案例有着偶然性,却给了我们一个启示:**不要忽视复利的力量。**

巴菲特说:"真正的财富,来自于时间的积累和复利的神奇力量。"所以,**普通人想要提升财富,就要想办法获得复利效应。如何获得?** 巴菲特著名的"滚雪球"理论已经给出了答案——**人生就像滚雪球,重要的是找到很湿的雪和很长的坡。**

想要实现复利,有两个重要的因素:"很湿的雪""很长的坡"。在商界,"很长的坡"指的是企业所处的行业发展空间巨大;"很湿的雪"指的是企业的盈利能力够强。在职场,"很湿的雪"可以理解为你的优势定位。当你将优势定位作为支点,撬动更多的资源时,"雪球"就会越来越大。"很长的坡"可以理解为你的事业领域。有哪些事情是你可以做一辈子都不会烦,同时还能有回报的?这个领域就极有可能是你的"长坡"。

小花在 A 公司做了 3 年,薪水涨幅不高,她觉得工作不赚钱,跳槽到了 B 公司,重新开始另一岗位的工作。又做了 3 年后,她发现每月薪水与在 A 公司时没有太多的变化。于是,又跳槽到 C 公司。就这样，3 年又 3 年，小花始终无法突破收入瓶颈。

不难发现，小花虽在职场工作多年，却一直没有找到自己的优势，她没有"很湿的雪"在手，自然就没有办法形成可以滚动的"雪球"。

谷燕燕的好朋友唐琨在职场中也换过多份工作，但因为她喜欢人力资源，想要成为人力资源专家，所以她的跳槽都是在人力资源岗位上的调动。

唐琨从 A 公司的小专员跳槽到 B 公司做人力资源经理，又跳槽到 C 公司做人力资源负责人，最后到上市公司做区域人力资源负责人，全盘监管业务。唐琨不断丰富自己的人力资源履历，构建优势领域。之后，她再度顺利转型为企业人力资源管理咨询师，同时服务多家企业，收入实现复利增长。

《长寿时代》里说："个体想要实现滚雪球效应的理想结果，需要有充足的初始投资金，还要有足够长的投资期限，更要确保投资收益的持续稳定等。"但世界变化很快，在这个不确定的时代，我们没有办法保证这三者会一直在。

那么，要如何才能避免复利停止增长的风险？

◎方法1：垄断一个细分领域

硅谷著名投资人彼得·蒂尔提出一个观点叫"垄断"。"垄断"这个词在投资领域叫"护城河"，因为最好的竞争就是没有竞争。只有垄断才有自由定价权，才能获得超额的利润。

在职场，垄断是指这项工作在你的公司甚至你的行业只有你能做。当你实现了垄断，别人有相应需求时，第一个就会想到你，你在这个赛道上就能跑得更久。反言之，如果你的工作所有人都能做，那你就会被快速替代掉。所以，在职场中，想实现个人意义的"垄断"，就是要不断打磨，让自己成为本行业、本领域的佼佼者，才能有效避免复利停止增长的风险，持续获得收益。

◎方法2：持续学习，构建多元优势

诺贝尔经济学奖得主约瑟夫·斯蒂格利茨认为，学习是持续增长与发展的关键动力。2020年，一场突如其来的疫情导致很多线下店铺突然关停，众多只擅长线下工作的人开始捉襟见肘，别说复利，基本的收入都不能保证。但也有一部分人，一直不断关注趋势，坚持在线上学习，获得了较强的线上运营能力。他们虽然也遭遇了难关，却能通过短视频技能，快速把生意从线下迁移到线上。

所以，保持敏锐度，学会在趋势领域不断获得多元能力。致力于获得长期收益的人，更容易实现复利效应。

2.3.2 职场人的复利破局，需要拥有本金思维

巴菲特说，投资最重要的是不亏本、保住本金。终此一生，每个人都有两份本金：一份是"先天本金"，包括容貌、体态、身体素质、健康状态等，在时间维度的不断增长下，无论你再怎么努力，先天本金也只会降低，而不能消除折旧和耗损。另一份是"后天本金"，包括知识、技能、智商、情商等，这些"资本"在时间的维度上可积累，也可锻造。只要你的积累速度超过更新速度，"资本"不但不会损耗，反而可能增值。

据此，你的本金投资比别人大，你的未来收益自然也就会比别人高。如何能做到本金比别人的更大？

◎尽量减缓先天本金的损耗

在先天本金中，最重要的当然是身体本金。身体是革命的本钱，如果没有身体，一切为零。据说，每年让职场人心惊肉跳的不是年终总结，而是做了却不敢看的体检报告。对职场人来说，久坐导致的肩颈酸痛、熬夜过度引发的脱发、

焦虑带来的失眠、饮食不规律产生的胃疼等等，都让他们在职场生涯走得艰难。

汽车要定期保养维护才能确保运转，人的身体也一样。要想减缓先天本金的损耗，最首要的就是定期保养，确保健康。

①合理饮食，健康饮食

有一句谚语是"你要吃得健康，身体才会健康"，健康合理的饮食是我们能量摄入的来源。在职场，太多人都是忙完事情、错过饭点，才感到饿，才想起去吃饭。还有人每天早上起床没胃口，不吃早餐就开始到公司工作。这些都是不可取的。一日三餐，营养均衡。如果实在忙得错过饭点，不妨在办公室常备坚果、杂粮饼干等，在饭点时先补充一点食物再继续忙。

②坚持运动，终身运动

剑桥大学团队领衔开展研究，在 2020 年于权威医学期刊《柳叶刀·全球健康》上发布报告："全世界每年至少有 390 万人通过充分的身体活动而避免了过早死亡。"

76 岁的张全通老人说："我从 30 岁之后就从来没生过病，连基本的感冒都没有。"他怎么做到的呢？每天坚持慢跑 2 公里，游泳半个小时，即使是冬天也不例外。从 31 岁开始，整整坚持了 46 年。这样的坚持带来的回报就是：他的身体素质和样貌看起来比同龄人要年轻20岁。

很多职场人总是说:"平时忙,没时间运动。"那么,可以先从上下班步行做起。如果路途过长,不方便,也至少可以从上下班走楼梯开始,或是尝试在工作、思考时多走动。甚至,可以在接电话或开线上会时站着听。

③及时休息,保证睡眠

世界卫生组织统计显示:全球约有30%的人存在睡眠问题。如果睡眠不好,会损伤大脑,引发多种疾病,危害身体健康。所以,职场人更需要掌控睡眠,让自己睡得健康。谷燕燕有段时间特别忙,每天都是凌晨之后再睡,结果第二天上班时浑浑噩噩,精力反而没那么好。后来,她做出调整,每晚11点,最迟12点一定关机睡觉。宁可早上早起赶工,也不熬夜,这样反而精神满满,工作效率大幅提升。

◎加速后天本金的增值

2018年4月,38岁的外卖小哥雷海为火了,他获得了中国诗词大会冠军。之后便收到20多家公司的邀约,喊价最高的是北京一家文化旅游公司,希望他能担任公司形象代言人,合同为期一年,年薪百万。谈到成功,雷海为说:"不过就是比别人更努力,多花了一些时间。不管工作和生活多么忙碌,时间挤一挤还是有的。在商家等餐的时候、在路上等红灯的时候，这些时间都可以拿来背诗。"

后天本金增值的显著特质，就是你的时间投入在哪里，收入就会在哪里体现。如何让时间、精力发挥出更大效能？建立知识体系是一个好用的方法，它能让你更快地丰收努力投入后的成果。

举个例子，小A和小B都在销售岗位，两个人都很努力。小B做事认真，但不爱学习、不爱总结，他拥有的销售知识较散，只能确保胜任岗位。而小A在每次谈单成功之后，总会根据所阅读的庞杂书籍进行对照、总结，日复一日地坚持将理论与实践结合，从而形成了自己独有的一套销售体系。他把这套方法论用于带团队，使得整个团队的业绩也在不断倍增。不难想象，小A的收入一定比小B高，公司一旦有什么新的机会，也一定会优先给小A。

所以，在职场，想要快速地、不断地积累后天本金，建立知识体系很关键。

什么是知识体系？所谓体系，是由"点、线、面、体"构成，最小单元是点。如果你的知识点不够多，是无法形成知识体系的。

没有体系，你掌握了一个点，它就仅仅是"点"；当有了体系后，你掌握一个点，这个"点"就串联到"线"，进而连成"面"、形成"网"，这个点还会和其他点碰撞，又产生新知识。如此一来，你脑中的知识体系就变大了，并且越来越大。

当你掌握的知识点越多，遇到问题时，大脑可以搜索和连接的面也就越多，从而备选方案也就会越周全，工作效率自然也越高，获得的成绩也越大。

• **如何建立知识体系？**

①**搭建领域关键词**。首先明确你想搭建哪个领域的知识体系，确定好关键词。比如，谷燕燕想构建 HR 个人品牌领域的知识体系，她的关键词就是"个人品牌"。

②**构建体系框架**。搭建框架可以使用"为什么""做什么""怎么做"3个维度来进行。如果你对想搭建的领域不熟悉，可以先找到该领域的经典书籍，阅读至少3~5本，在对领域有了整体认知后，借助前人力量着手构建框架。

③**大量输入与整理**。输入知识点的方法很多：通过书籍、网络、课程等做搜集，并且可以借助思维导图，把知识点按照框架结构归类。如果遇到针对一个知识点搜集出了多种不同的答案的情况，因不同的实践者产生的理解不同，你也可以整合所有的见解，通过自己的实践来找到你最认同的答案。

④尝试输出，应用测试。梳理完知识体系之后，可以尝试将其分享给周围的人，如果你说的众人都能听得懂，说明你的知识体系已初步构建完成。反之，则需要不断调整，务求以受众能接受的方式输出。

⑤不断迭代，形成闭环。在职场，你所获取的知识是否有效，最终是通过工作绩效呈现出来的，所以要在工作中不断打磨与完善知识体系，并借助体系的力量让绩效倍增，最好是能产出代表作。只有在实践中对知识验证成功，才形成了体系闭环，否则就要对体系做多次精心的迭代。

谷燕燕的好朋友邵晨耘在职场20年，创业了5次。最近一次是开了一家猎头公司，每天工作特别忙，但他每周都会坚持打羽毛球或跑步，运动习惯让他能量满满。谷燕燕有次询问他，猎头公司业务繁忙，又有众多员工要管理，你是如何抽出时间做运动的？邵晨耘说，他会有意识地带领员工在工作中构建知识体系，每个员工在知识体系的辅助下，能高效服务客户，增强效率、提升能力，他也就能逐渐解放出来，拥有更多的时间锻炼身体。运动让他每天能量充足，精神好且效率很高，自己与员工、整个公司都形成了正向循环。

再忙，也不能忽视健康。如果你真的已经忙到完全没时间运动、没时间学习，那可能就需要暂停脚步，认真想一想：

什么才是你想要的人生？职场是一场马拉松，如果想要在这一路上不断财富升级，那不如从现在开始就不断积累本金。

无论是先天还是后天，只有你拥有了足够的本金，才会获得更美好的职场前景。

【本节总结】

职场人要想财富提升，就不可忽视复利效应。想要实现复利效应，并持续不断地产生复利，最好的办法是在一个细分领域形成垄断，并保持敏感，持续学习最新知识，构建多元优势。

职场人的复利破局，需要拥有本金思维。要做到本金比别人的更大，一是保持身体健康，尽量减缓先天本金的损耗；二是建立知识体系，加速后天本金的增值。

2.4
终身成长：3招摆脱无效奋斗，打开全新局面

2.4.1 优秀的职场人都是终身成长者

以前大街小巷都有卖报亭，每天一早，送报的师傅就会骑着自行车挨家挨户地送报，但现在这样的场景只能在电视剧里看到了。电子阅读正在取代纸质阅读，网络媒体平台正在替代纸媒平台。

以前乘坐火车要去车站或代售点排很长的队，有时即便加5元手续费都不一定能买到票。但现在，只要在手机APP上简单点几下，到车站后刷个身份证就能乘车。代售点消失、代售员消失，售票员、检票员们都正在被各种机器替代。

在这个日新月异的世界，一个人若是跟不上时代的变化，那他终将被淘汰。卡罗尔·德韦克说，成功不是目的，

而成长才是。在宇宙中,进化没有终点,人的成长也一样,只是在突破一个个积累期之后依然持续不断地进化的状态。**职场人若希望前路平顺,不被淘汰,则更应该时刻保持终身成长。**

在职场,终身成长有 3 大好处。

◎好处 1:拥有反脆弱能力,应对黑天鹅事件

美国著名学者纳西姆·塔勒布出版了《黑天鹅》后,人们常用"黑天鹅"隐喻那些极为罕见、通常在预期之外的事件。黑天鹅事件发生前,并没有任何前例可以证明,但一旦发生,却会产生极端的影响。

2020 年的新冠疫情,就是一场黑天鹅事件,倒逼着大量传统企业转型线上。如果平时不注重成长,在这场事件来临时,一定会身陷痛苦与焦虑,甚至被艰难打倒。但拥有成长型思维的人就会主动抓住机会,紧跟时代趋势,通过做直播、做线上运营等新方式,来适应环境的大变故。

◎好处 2:跳出舒适区,未雨绸缪

在家里,若有一个区域可以让你毫无压力,彻底放松与躺平,这块区域就是你的"舒适区"。在职场,当你不需要

太多思考，总是使用自然反射、使用最擅长的路径或策略去处理工作、解决问题的时候，你就进入了"舒适区"。

进入舒适区会有什么风险？在安全舒适的环境里，你会放松对外界的警惕，就像温水中被煮的青蛙，危险已至，却毫无警觉。互联网上曾有一则新闻，报道了某地的收费站有位遭遇下岗的中年大姐，她多年来一直待在舒适区，不愿意也没有意识去关注外界变化，没有提前储备新能力。突然被裁员，在恐慌与难过之下，号啕大哭。职场人一直待在舒适区，缺乏好奇心与学习力，是极容易丧失生存能力的。

◎好处3：不会自我设限，拥有无限可能

《斯坦福商业决策课》一书中提到，我们在做决策时能找到的所有选项，都是可能的行动路线。

只要不给人生设限，尽力尝试、找出更多的选项，人生就会有无限可能。

谷燕燕在职场做了10年，从没想过自己会去创业，但是当人生走到转型关口时，她还是咬牙辞职，开始了创业路。10年来，谷燕燕一直坚持主动学习，提前储备了短视频运营能力、直播能力……离职后，更是四处求学，沉下心去研究她感兴趣的个人品牌领域课程。

尽管是在自己未曾预想的时候离职，但她基于过往沉淀、自身能力，以及 HR 个人品牌领域快速积累的知识体系，很快就适应了创业节奏，成功实现转型。

主动终身成长，保持终身学习，是职场人拥有核心竞争力的第一要务。 不断刷新对这个世界和时代的认知，始终以发展的眼光去面对身边的人和事，你才能一直走在时代的潮流中。

2.4.2 两步帮你重塑成长型思维模式

在职场，花一年的时间和花十年的时间学会同一种技能的人，所取得的成果肯定不一样。所谓的终身成长不是被时代推动着的被迫成长，而是一种主动的成长型思维模式。通过两个步骤，可以洞察你是否在终身成长。

◎ 第一步：洞察你的思维模式

斯坦福大学的卡罗尔·德韦克教授在《终身成长》一书中提出："人类有两种思维模式，成长型思维模式和僵固型思维模式。"思维模式的不同，会导致两种人在处理问题、面对批评、付出努力等观点以及行为上有所差异，也因此导向了不同的人生。

成长型思维的人倾向于迎难而上、突破自己；而僵固型思维的人则大多固步自封，逃避困难。成长型思维的人认为人的智力和能力是可以拓展的，而僵固型思维的人则认为人的智力和能力是不可改变的。

要判断自己是成长型思维模式还是僵固型思维模式，很简单的一个方法就是常常有意识地观察、记录你的口头禅。

☆成长型思维模式的人，常说：

"虽然这个我不会，但我可以学……"

"我想试试。"

"我无法改变环境，但我可以改变自己呀。"

☆僵固型思维模式的人，常说：

"我从小到大都不会……"

"我从来没做过……"

"我已经尽力了，剩下的不是我能控制的了。"

◎第二步：有意识地培养成长型思维模式

想要成为终身成长者，最重要的是培养成长型思维模式，让自己敢于接受新事物、新知识。从僵固型思维模式转变为成长型思维模式，不是转念就立刻能获得，它需要像磨炼其他技能一样，不断练习、不断加强、慢慢形成。

可以通过以下步骤，来培养成长型思维模式。

①主动自省察觉

在每天晚上睡觉前写复盘日记的时候，可以主动回顾这一天，你遇到哪些事情、当时你是什么心态、抗拒还是接受、是积极的心态多还是消极的心态多。只有在察觉自省的过程中，你意识到僵固型思维模式正在影响你，你才能知道如何改变。

②学会接纳自己

其实，每个人都会同时拥有僵固型思维和成长型思维，只是在不同领域会有不同展现，就像人的性格一样，总是有内向的一面和外向的一面，只不过是看你在什么环境里展示。

所以，当观察到自己出现僵固型思维模式时，不要抗拒，要学会宽容接纳。只有从内心接纳它，才能更快调整，进而打破它。

③积极行动调整

当察觉到自己工作时出现僵固型思维模式，不妨先静下心，告诉自己，不用怕，没关系，我可以先尝试。然后，积极行动起来，利用复盘来迭代，让自己慢慢习惯面对工作的时候使用成长型思维模式思索。

谷燕燕有一个私教学员叫朱晓琳，她在教培行业工作了很多年。2021年，在双减政策下，她需要离开行业重觅出路。朱晓琳很焦虑，自己已年过35岁，又离开了熟悉的行业，是否还能有更好的发展？

她找到谷燕燕做辅导，谷燕燕给她布置了一项作业：每天先发5条朋友圈，呈现出自己的专业和人设。朱晓琳一开始很抗拒，因为她此前很少发朋友圈，更从没写过专业文案。

谷燕燕告诉她："别怕，我陪你一起试。"当朱晓琳坚持运营朋友圈1个多月后，她被多家机构看到，伸出了橄榄枝邀请她做线上分享。她之前的单位领导也主动帮她推荐了一份工作。在入职后，她很快就凭借着出色的工作能力，再次升职加薪。

拥有什么样的思维模式，就会拥有什么样的人生。 即使你拥有成长型思维也不能保证百分之百的成功，但相比于僵固型思维，拥有成长型思维的人会变得越来越自信，越来越优秀，也自然越容易取得成就。

2.4.3 两个方法摆脱无效努力，有效"终身成长"

在工作生活当中，大多数人都只乐于做自己擅长的事情，一方面是因为驾轻就熟,不容易出问题,另一方面是因为更容易获得成就感。做的次数越多,越擅长;因为擅长,就更愿意去做。

但是,长期只做自己擅长的事情,可能会出现两个结果:一是在这件事情上不断进步,成为顶尖高手;二是在这件事情上更熟练,以后就凭经验做事,不愿创新,缺少热情,没有太多进步。

从现实来看,能成为顶尖高手的人是极少数,大部分人最后都成为了一个熟练工。为什么晋级到顶尖高手并不容易?因为在熟练之后,还要朝着"有效努力"的方向迈进,让自己在该领域的成长变成"有效成长"。

如何摆脱无效努力,有效成长?以下方法,供你参考。

◎方法1:识别能力陷阱,构建新的能力

谷燕燕在职场工作第5年的时候,掉入了能力陷阱。那时,她全面负责公司运营,已做到第3年,所有事务都是她熟悉且擅长的,工作舒服且安逸。同事跟她说起,有特别好用的、新的运营工具,她都坚持目前用的已是最好的,不肯去接触新的。

她的领导及时提醒:"你进入了能力陷阱,有时间就多去外面学习。"抱着将信将疑的态度,谷燕燕开启了学习之路。

当她走入更优秀的圈子，发现大家使用的都是更新的工具，她才恍然大悟，同事与领导的提醒，都是在为自己好。

从此，谷燕燕每年都会坚持多学习 1~2 个领域新的内容，避免再度陷入能力陷阱。

一旦出现以下两种情况，就要警惕能力陷阱，提醒自己跳出来。一是只做擅长的。 习惯性地用当下的已知去规划未来。但这个世界的未来有很多未知，如果你一直只在认知边界内规划未来，就会局限人生的发展方向，拖缓成长的节奏。**二是拒绝新变化。** 避难就易是人的本性，困难和容易之间，很多人总习惯选择后者。一直待在舒适圈，尤其是如果 5 年以上都待在同一岗位，让你突然在全新的领域重新开始，你可能很难接受。

想要跳出能力陷阱，最好的方法就是做好原有工作的同时，多去尝试不同领域，多开展新学习，升级新能力。尤其是跟随时代变化，学习最前沿的内容，以保持对世界的敏感度。

◎方法 2：不断升级认知，设置更高的人生目标

刚毕业的时候，你的目标可能是每月有收入；在职场 5 年后，你的目标可能是想独当一面，进入企业管理层；而工作 10 年之后，有的人的目标是想要拥有自己的事业。

当认知不断升级,你会对人生有更高的追求。以下 3 种升级认知的方法,都能给职场人以启发。

①加入高能圈子

"读万卷书,不如行万里路;行万里路,不如高人指路。"每个人都有自己的局限,因此我们可以加入高能圈子,和更高层次的人交往,跟着牛人见世界。很多时候,经验阅历胜于你的人,他们的三言两语,极有可能就使你醍醐灌顶。

②寻求高手辅导

很多时候,我们习惯性待在自己的思维认知里却不自知,这时就需要借助外部的力量来帮忙打破僵局。找到高手,虚心求教,或是聘请高手做顾问、辅导,是节约时间、缩短路径的绝佳方式。

③用目标促行动

谷燕燕有一个私教学员叫张兰凤,在偶然一次课程中,她发现周围很多 HR 都成功转型做了咨询师,她也萌生了想法。于是,她定下目标,并认真拆解了做咨询师需要的能力,发现有生涯辅导能力、识人用人能力、全案咨询能力等等。基于目标,她对照着各项能力,开始制订计划,挨个去学习、去提升。现在,她已经通过行动顺利完成了从 HR 到人力资源管理咨询师的转型。

行为影响认知，认知反过来又影响行为，当你意识到需达成更高的人生目标后，立刻写下来，分解它，然后想办法达成。**你的行动，会不断促进你的认知升级。**

没有人生来就知道自己的路，你唯一能做的就是做好当下，放眼未来，终身成长，终将遇见闪闪发光的自己。

【本节总结】

优秀的职场人都是终身成长者。在职场，终身成长有3个好处：拥有反脆弱能力，应对黑天鹅事件；跳出舒适区，未雨绸缪；不会自我设限，让人生拥有无限可能。

所谓的终身成长不是被时代推动着的被迫成长，而是一种主动成长的成长型思维模式。重塑成长型思维模式需要洞察你的思维模式，然后有意识地培养成长型思维模式。想要培养成长型思维模式有以下步骤：借助复盘日记，主动自省察觉；学会接纳僵固型思维模式；积极行动，调整为成长型思维模式。

有效的终身成长，需要摆脱无效努力。识别能力陷阱，构建新的能力；不断升级认知，设置更高的人生目标。像加入高能圈子，见世面；请教高手，寻求辅导；设计并成功达成人生阶段性目标等方法都可以不断升级认知。

第三章

沟通力：4套沟通心法，
你能赢得他人的尊重与合作

普林斯顿大学曾对 10,000 份人事档案进行分析，结果显示："智慧""专业技术""经验"只占成功因素的 25%，其余 75% 的成功来源于良好的人际沟通。

无独有偶，哈佛大学的一次调查结果也显示：在 500 名被解雇的职员中，因人际沟通不良而导致工作不称职者占 82%。

我们都知道，职场当中有很多工作并非单人就可完成，而需多人共同努力。当上级、同事乃至客户一起沟通交流，会更好推动进程，所以，具备良好沟通能力的人往往能使项目更好执行，和谐的人际关系会促进职场项目顺利交付。

松下幸之助有句名言："企业管理过去是沟通，现在是沟通，未来还是沟通。"不管到什么时候，企业管理都离不开沟通。不管你是否愿意承认，沟通已经贯穿每个人的生活，当今职场，沟通已然成为核心竞争力，成为了化解矛盾的方法、建立信任的关键。

本章，将从识人用人、连接贵人、向上管理、向下成就 4 个维度，介绍 4 套沟通心法，帮助你提升沟通力，在职场赢得尊重与合作。

3.1 识人用人：掌握主动权，你能团结每个人

3.1.1 正确识己识人，才有机会团结每个人

曾国藩说："宁可不识字，也要会识人。"每个人都有自己的识人习惯，比如，你看到一些人就觉得顺眼，愿意主动交流；而有些人，你一看到就觉得不舒服，不愿意说话，甚至不愿意和其待在一个房间。这样的习惯本无可厚非，但如果是在职场，我们则需具备职业素养，若在彼此都看不顺眼的情况下，你还是有能力与对方沟通且不影响工作结果的达成，这才是具备了优秀的沟通能力。

知己知彼，百战不殆。在正确识人前，我们可以先正确认识自己。

◎自识性格

同一种性格特征,从不同的角度看,会有不同的利弊结论。正确认识自己的性格,找出优势与劣势,能有利于在确定目标后,发挥性格的长处和力量。

举个例子。你的性格像猫头鹰一样比较专注细节,此时和你谈合作的对方却是一只"老虎",性格强势、大大咧咧、不重细节。在交流的时候,你会无意识地关注各种细微琐事,时间一长,"老虎"可能就会不耐烦,甚至要提前结束这次谈话。

如果你充分了解自己的性格,做到有意识地觉察,能不断根据对方的沟通模式去调整交流方式和内容,你们的这次合作将更畅通。

心理学领域有一个词叫"人际敏感度"。人际敏感度是指当对人的性格特质的敏感上升到理论层面时,你的认知就不再表现为无意识的本能反应,而是有意识地理性客观观察自己和他人的行为风格。

所以,想要洞察自己的性格模式、感知他人的性格模式,需要提升人际敏感度。

- **提升人际敏感度有 3 个层面。**

①感知,即能感知对方行为背后的性格模式。比如,当看到一个人并未开始沟通,就直接对你大声、严厉地说话的时候,

可能并不是故意针对你，而是性格使然。

②**切换**，即可以随时切换到对方的模式。比如，当感知到对方的大声、严厉的说话方式可能是由于老虎型性格的时候，你就有意识地切换到对方的模式，站在对方角度去思索与回应。

③**管理**，即有能力管理对方。你知道基于对方的模式怎么说话能引导并达成你想要的结果，而不是一味迁就。

每一种性格的背后都有着一种习惯性的解决办法，人们会习惯性地使用自己固有的模式去对待问题。如果没有充分了解自己的性格，这种固定模式通常就不会发生变化。只有当我们对自己有觉察时，才会主动打破僵化的、固有的自动化应对模式，发挥出性格的长处和力量。

◎自识情绪

根据行为心理学所述，人的行为会影响情绪，又会传递给其他人，影响他人的情绪。在职场中，这一类现象很常见：刚开完例会，会议上领导严厉批评了你的工作，这让你很难受。回到办公桌前，恰好有客户电话，你接了电话后心不在焉，对方因为你的敷衍而有了情绪，结果合作没能达成。

出现此类情况，一方面固然是要提升职业素养，另一方面也需要在职场中迅速识别自己的情绪并转化情绪。

• 常做以下 3 步，可有效把控情绪：

第一步，记录。做自我情绪的有心人，每天抽一点时间记录情绪变化。以情绪类型、时间、地点、环境、人物、过程、原因、影响等为项目，列一个情绪记录表，连续记录自己的情绪状况。

第二步，反思。一是利用你的情绪记录表反思自己的情绪，二是在一段情绪过后反思自己的反应是否得当，为什么会出现这样的情绪？成因是什么？有什么消极的负面影响？今后应该如何消除类似情绪的产生？如何控制类似不良情绪的蔓延？通过不断觉察，做出整改与调整，让之后无意识发生的情绪行为转化为有意识的自控。

第三步，借力。借助周围人的力量，与家人、上司、下属、朋友等进行诚恳交谈，征求他们对你情绪管理的看法和建议。借助别人的反馈，认识自己的情绪状况。也可以借助专业的力量，比如学习课程，学会识别情绪模式，做好情绪管理。

职场如战场，只有充分了解自己的性格、掌控好自己的情绪，才能更好地切换模式，做到和多数人都聊得来，才能有机会团结每一个人。目前市场上有很多识人技术，这里给大家介绍最常用的"DISC 理论"。

有超过 80% 的世界 500 强企业都在运用"DISC 理论"识人选人。在"DISC 理论"中，将人按照行为风格分为 4 类："D"（Dominance）是指挥者、"I"（Influence）是影响者、"S"（Steadiness）是支持者、"C"（Compliance）是思考者。

☆ D（指挥者）关注事且行动快

D 型人的特点是目标导向，说话直接。如果你和 D 型人沟通，你需要做的就是直接反馈、不要转弯抹角。

可以根据以下行为风格特征，来快速识别对方是不是 D 型人：与人交谈时喜欢用直接的目光接触；做事情有目的性且能迅速行动；说话语速快且具有说服力；善用直截了当的实际性语言。

☆ I（影响者）关注人且行动快

I 型人的特点是人际导向、善于社交。如果你和 I 型人沟通，你可以先建立愉快的沟通氛围，再处理事情。

以下行为风格特征，可判断对方是不是 I 型人：喜欢用快速的手势来表达；面部表情特别丰富；擅长运用有说服力的语言来向对方说明；会在自己的工作空间里放各种能鼓舞人心的物品。

☆ S（支持者）关注人且行动慢

S 型人的特点是善解人意，行动较慢。如果你和 S 型人沟通，你要多给予对方时间，因为 S 型人会有自己的节奏。

以下行为风格特征是 S 型人的：和蔼可亲，面部表情柔和；说话慢条斯理，声音轻柔；喜欢用赞同性、鼓励性的语言来拯救陷入纷争和烦恼中的人；对家人有很深的情感，通常会在办公室里摆家人的照片。

☆ C（思考者）关注事且行动慢

C 型人的特点是喜欢讲道理、追求卓越。如果你和 C 型人沟通，拿事实、数据沟通是最佳风格，C 型人最喜欢的就是对事不对人。

你可以根据以下行为风格特征，快速判断对方是不是 C 型人：特别严谨，很少有面部表情；过度分析，因此导致行动进度也相对缓慢；擅长使用精确的语言，注意特殊细节；性格内敛、善于以数字或规条为表达工具，因此喜欢在办公室里挂有图表、统计数字等。

在职场，与人和谐相处的前提是识人。毕竟每个人都有自己的性格喜好，如果你只根据自己的喜好与人相处，就会发生很多不必要的冲突。

谷燕燕刚毕业时，每天的工作是在 QQ 上和很多陌生的 HR 沟通和聊天，邀请 HR 来参加公司组织的活动。相同的内容发给不同的 HR，收到的反馈很不一样，有时甚至还会被客户投诉。年轻的她非常不解。

在学完"DISC 理论"后，谷燕燕才懂得：给 D 型人发消息要直接表达，给 I 型人发消息可以多用表情包，给 S 型人发消息的时候不需要强求回复，给 C 型人发消息就要多用证据来证明这场活动的靠谱性。谷燕燕根据识人结果做出调整后，沟通效率提升了几倍，也几乎不再收到客户投诉了。

学会从对方性格入手，根据行为风格识别判断，然后切换沟通模式，更能达成双方都想要的结果。

3.1.2 善于用人，你能整合每个人

古往今来，无论是商人还是帝王，凭一人之力是很难成就大事业的。若想成就伟业，善用人才是重中之重。个人能力以及拥有的资源始终有限，只有善于用人、整合人脉资源，才能百倍放大你的能力与资源。

很多职场人喜欢说："我就是普通人，没机会用人，也没人可用。"其实，在生活中，处处需要用人。比如你的孩子想要读一个好的幼儿园，你是否有人可用？你想要跳槽到一个更好的企业，你是否有人可用？你想要组队创业，你是否有人可用？学会用人，应是每个人在人情社会的必修课。

曾国藩在他的家训里，把"用人"分成了4步来进行。

◎第一步：广泛搜集，善用洞察

想要用人，首先要有人。所以，你在平时要尽可能认识更多人，积累资源。不要等想用之时，翻遍通讯录，也无人可用。

谷燕燕有次接到一个电话，是一位猎头公司负责人打来的。他在朋友圈看到了一篇文章，感觉作者应该有很多HR资源，就主动进行了联系。这篇文章正是谷燕燕所著。

通过沟通，该负责人发现，HR想转型做猎头，若是有专业背景会更匹配。他提出合作，希望谷燕燕帮忙推荐想要转型猎头的HR。谷燕燕手中有大量的HR，其中就有不少合适的人才，若能推荐成功，也是她帮助HR成长的另一种方式。

一拍即合，双方快速达成共识，彼此资源整合。善用洞察，处处都是你可以用的资源。

◎第二步：深入了解，谨慎用人

深入了解对方，是用人的前提。能发现对方的长处，合理发挥；能发现对方的劣势，巧妙避开。做到这些，才叫真的会用人。有人不用是浪费，但如果大材小用，对方可能只会给你这一次机会，后面就不再为你所用。

当然，还有一种情况是小材大用，即把能力不够的人推到重要的位置，这样产生的危害，可能会影响到你的前途与事业。

谷燕燕就曾犯过错误。有一次，她想要借助伯乐会的力量，让更多HR来参加她组织的活动。她让伯乐会创始人代晓丽帮忙做活动预告分享，但后来发现，通过伯乐会来参加的HR很少。

这是为什么呢？谷燕燕反思后意识到：用人用错地方了！伯乐会创始人擅长的是高端人脉与资源连接，并不是一对一的活动推广。谷燕燕赶紧调整思路，与伯乐会方沟通，让他们帮忙推荐优秀的人力资源专家来做活动分享嘉宾。

伯乐会的创始人很高兴地承接了下来，还表示："要多少这样的大咖？100个够不够？"

因为谷燕燕和伯乐会创始人是特别好的朋友，偶尔犯一次错没关系，但如果双方没有这样铁的友情，这次"大材小用"后，可能就会导致后续不再有合作机会了。

◎第三步：分享经验，共同成长

有人可用、用对人，还不是最终目的。优秀的职场人会引导人才不断提升，让可用之人更优秀，双方一起共同成长、彼此成就。

谷燕燕刚出来创业的时候，总感觉没人可用，一个人活成了一家公司。课程自己出，招生自己做，去企业做管理咨询也还是要自己亲力亲为。翻开微信，朋友圈里的人很多，但能为自己所用的却少得可怜。

于是，她就琢磨出了一门培训课程，教 HR 如何做运营、做新媒体，把她自己的能力复制给更多 HR。来学习的 HR 都是信任她的人。之后，谷燕燕就认真教授，在工作上用好这批学员，整合人才，推动事业不断前行。

◎ **第四步：设计机制，整合他人**

人与人之间的合作，本质关系就是利益关系。想要让对方更好地为你所用，你需要设置合理的机制，让大家愿意跟你长期合作，也更好整合每一个人。

如何设置机制？曾国藩的谋士赵烈文说："下士重爵禄，中士重礼貌，上士重意气。"

☆ **下士重爵禄**。爵禄指升官发财，对于基层人员，重爵禄就是要满足他们最基础的物质需求。

☆ **中士重礼貌**。礼貌指充分尊重，对于优秀人才，不仅要满足最基础的物质需求，更要关注他们的情感需求。

☆ **上士重意气**。意气指使命、愿景、价值观。高手往往更关注成长的价值，要用这个层次的人才，你必须要让对方看到成长的空间和机遇。

赵烈文的用人说跟马斯洛的需求层次论如出一辙。无论什么时候，只有把人性理解透彻，设置好匹配的机制，方能更好地用人、整合人。

识人用人是一项能力，也是一门艺术。用人之前，最紧要的是修正好自己，唯有自己是个有大格局的人，才能看到每一个人的优势，整合每一个人为己所用。

【本节总结】

在职场，正确识己识人，才有机会团结每个人。知己知彼，百战不殆。在正确识人前，我们可以先正确认识自己：认识自己的性格，认识自己的情绪。目前市场上有很多识人技术，这里给大家介绍最常用的"DISC 理论"。

在职场，善于用人，你能整合每个人。第一步，广泛搜集，善用洞察；第二步，深入了解，谨慎用人；第三步，分享经验，共同成长；第四步，设计机制，整合他人。

3.2 连接贵人：人脉不是你认识多少人，而是你如何用高情商让人为你所用

3.2.1 构建良好人脉，更有益于职场路的顺行

现在，有不少职场人在面对工作负荷、家庭责任时，会把"人脉构建"看成是奢侈品而非必需品。更有甚者，在面对"人脉"一词时说："我从事着喜欢的工作，各方面安排也很好，不存在业务发展压力，不需要拓展人脉资源。"但斯坦福大学在某次调研后公布的调查结果却显示：一个人赚的钱，12.5%来自他拥有的知识，87.5%则来自他的人脉。知名商业顾问刘润也说："一个人的财富基本盘，由两个部分组成：第一，你自己的本事；第二，你和其他人联结的本事。"

《中华大词典》中，对"人脉"的解读是"经由人际关

系而形成的人际脉络"。人类生存离不开身体里血脉的运转,而职场人的生存,也少不了人脉的运转。不管你的个人能力有多强,要想取得更大的成功,人脉多寡会是决定因素之一。

董明珠曾主张投资银隆汽车,但格力的股东不同意,于是她决定以个人名义入股。入股资金不足,她向王健林借5个亿,王健林给了她10个亿,并说是因为信任,所以愿意帮助。可以说,王健林就是董明珠难能可贵的核心人脉资源。

核心人脉需要时间来建立,持续而牢固的关系都是以长期信任为基础的。**职场人做好人脉社交,最直接的好处就是"朋友多了路好走",除此之外,还有4个益处:**

◎益处1:拓宽工作思路

借助好朋友的智慧和力量,可拓展工作思路、少走弯路。很多HR会在人力资源群里抛出工作中遇到的问题,寻求帮助。人脉关系好的人,会很快收获一大批的答疑。

还有的职场人喜欢构建不同行业的人脉,作为自己的关键优势,因为和不同行业的人互换信息,有助于跳出固有思维,获得崭新见解。

◎益处2:获得更多机会

不管是业务拓展、职位升迁还是跳槽甚至改行,手握人脉,会帮助你收获更多可能性。一些公司的某个优质岗位招聘信息并不会公布出来，尤其是位高权重的职位，假设你恰好拥有该企业的核心人脉，那就很有可能会先人一步获得内推的机会。

◎益处3：了解更多讯息

建立广泛的人脉圈，能够让你有机会去了解各类讯息，了解行业内外的发展动向。比如，行业最新趋势一般是在高端圈子里流转，你若身处圈子中就可以提前看到。

◎益处4：督促自己成长

都说每个人的财富是由其周围5个人的财富决定，当你的朋友圈中所有人都在努力学习、认真奋进时，你自然会被带动加入学习、积极向上。

谷燕燕的好朋友王勇特别喜欢邀请朋友去他办公室喝茶，在聊天的过程中，他能够快速把对方优秀的工作方式迁移到自己的工作中。有一次，他邀请的朋友聊到了付费高端社群的玩法。茶局结束，王勇很快就把玩法迁移到自己采访过的1,000多名嘉宾身上，组建了线上的高端人脉群。

这一做法，拓宽了他以往的工作思路，也扩大了资源互换，业绩因此而比去年翻倍提升。因为王勇特别擅长维护人脉资源，圈内朋友只要有任何需要，都会想找他求助，奠定了他极强的个人品牌影响力。

在职场中，如果说能力是"基本功"，那么人脉就是"绝杀技"。**如果没有人脉资源，很多事情你做起来会很辛苦，因为有些事情只有圈内人才知道，有些机会只有圈内人才能获得。**

3.2.2 职场人如何从 0 开始构建有效人脉网络

谷燕燕刚进入人力资源行业的时候，一个 HR 都不认识。公司交给她的第一项任务是邀约 30 位 HR 到现场参加活动。年轻的她急得都快哭了。当时，负责带领她的上司见到后，就教她如何开展人脉构建。谷燕燕听话照做，完成了以下 5 个步骤：

第一步：制定人脉构建目标。 谷燕燕的任务是需要去主动结识当地的 HR 客户并邀请对方来参加现场沙龙活动，邀请人数是 30 位。以最终 30 位为基准，她粗略估算了一下，自己最起码要主动去认识 100 人，这样才有可能邀请到 30 人。

于是，谷燕燕就定下了此次的人脉构建目标——先认识当地100位HR。同时，她做出了人脉连接档案，即根据邀请类型，详细标示出对方属于哪一类人脉，是行业人脉还是客户人脉，又或者是兴趣人脉。

第二步：梳理现有人脉资源。 只有盘点清楚现有资源，才能更明确地知道要新建哪些人脉资源。谷燕燕刚进入行业，目前能用的资源只有公司的领导。

第三步：找对正确渠道。 物以类聚，人以群分。要弄清楚你想找的人在哪个圈子里，然后再进入、去构建，会让工作更高效。谷燕燕开始时，是通过关键词搜索HR相关的QQ群、微博、微信公众号，并上门拜访当地的HR机构、HR类学习基地等。进入了精准的圈子，她快速地找到了匹配的HR资源。

第四步：主动建交对的人脉。 所谓人脉，并不是你进入到圈子里，里面的人就是你的人脉。人与人需要认识、互动，彼此信任与认可，对方才有可能变成你的人脉资源。所以，身处匹配的圈子里，你需要主动去做人脉建交。

建交的方式有很多，比如经常在圈内发言，输出专业内容；再比如给每位圈中朋友发送一份精心打磨好的自我介绍等。谷燕燕在三茅网刚刚成立的时候，就去主动申请做三茅人力资源心理学版块的版主。申请成功后，她借由三茅平台实现了在全国 15 个城市的巡讲活动，并通过巡讲与很多人做了建交。

第五步：定期维护人脉关系。节日问候、生日祝福、朋友圈互动、定期问候等都是好的维护手段。只有经常出现在对方面前，你才会被记住，对方在有事时才会想起你。除此之外，还有一种特殊的维护情况，就是你一直持续不断地输出专业内容，通过新媒体平台做分享，让对方主动来维护你。

通过以上 5 步，谷燕燕成功完成了对 30 位 HR 的邀约，此后，她更是养成了人脉构建的习惯。职场多年，她拥有着 3,000 多名全国各地的人力资源和全国一二线城市 HR 资源。

当谷燕燕信心满满地辞职创业时，她发起了一个创业梦想的招募，自认为有几千人脉，一定用不了多久就能筹集到资金。但事实却很"打脸"，她花了一个月，只有 37 位伙伴愿意每人支持她 199 元。

谷燕燕求助她的个人品牌教练焱公子，焱公子指导她做出了一个讲述初心的个人故事短视频。当视频发布后，优质的内容让她立刻就收到十多家人力资源机构的合作邀约。同时，焱公子又指导她趁势发布一个定价7,000元的知识产品，1小时内收到了20位学员报名。

历此一役，谷燕燕方才明白，**人脉建立中其实隐藏着3个误区**。

◎误区一：误把公司人脉当作是自己的人脉

客户信任的是公司，是公司放在这个岗位上的人，而不是你。当你离开公司后，这些人脉资源，不一定是你的，他们只是公司的人脉资源。

谷燕燕创业初始，信心满满却结局惨淡，就是误把公司人脉当成自己的资源。

◎误区二：无背景就不能建立人脉

很多职场人说："我就是一个普通小职员，周围的人情况都跟我差不多，我又没有背景，是不可能去建立人脉的。"其实，背景不是建交的关键，你是否能拥有人脉，完全取决于你能给别人提供什么样的价值。每个人都不是完人，都有需要他人支持的地方。当你能发挥自己的优势，踏踏实实为他人服务，让对方感受到有价值，你就有可能拥有人脉。

◎**误区三：误把众多微信好友当人脉资源**

谷燕燕有一次去拜访一位大咖朋友，想请其做一做桥梁连接。大咖朋友说："我的微信上的确有很多人脉资源，但我推给你，你的能力不够，也用不上的。"

真正的人脉资源是双方都可以交换价值的资源。每个人的微信上都会有不少人，你的公司有很多人，你在很多群里，可是，当你真正遇到问题、需要求助的时候，这么多的人不是每一个都会关心你。所以，微信上有人，并不是有人脉。

很多人抱怨没资源、没背景、没人脉，却没有建立人脉网络的意识。事实上，当你有了明确的人脉构建目标，想尽各种办法来织人脉网络的时候，你会发现，要拥有人脉其实也并没有那么难。

一时没有人脉不可怕，可怕的是你一直没有迈步行动。

3.2.3 如何提升价值，打造出有效人脉社交

构建有效人脉的核心点在于双方可交换价值度，价值度越高，越容易构建。那么，如何做才能提升职场人的核心价值？

◎打造属于自己的代表作

谈到李白,你会想到《静夜思》;谈到贝多芬,你会想到《命运交响曲》。纵观古今,那些流传千古、闻名于世的人,都有属于自己的代表作。对于普通人,你的代表作完全可以是你所擅长的某项技能,或是你帮别人解决问题的能力。在社交关系中,代表作的形式并不局限于书籍、乐曲、文章,只要你能让大咖快速意识到你的价值即可。

社交价值决定了你的社交筹码,尝试去打造自己的"代表作",不断强化多维度的社交价值,能让你在社交过程中更值得信任与连接。

谷燕燕有一个私教学员叫熊瑛,她一直做招聘和培训工作。她总觉得工作普通,自己没有什么核心价值,在职场一直也没人脉资源。谷燕燕辅导时,帮她梳理了自己的职场能力,并教她打造出一条个人品牌故事视频来呈现能力。

当她把这条个人品牌故事视频发到朋友圈之后,很多招聘渠道就主动找上门说:"你这么优秀,我们有招聘方面的分享需求,可以邀请你来做嘉宾吗?"熊瑛这才惊喜地发现,原来自己有这么多的人脉资源可以调用。

◎分层维护关系

价值建立后,你会跟形形色色不同的人产生价值交换,也会跟他们建立深浅不一的"人脉关系"。交往对象不同，人脉构建的目的与侧重也会不同。因此，每一个人脉圈层就会有所不同。

不同的圈层，要学会采用不同的维护策略。**我们把人脉圈层大致分为以下3个通用圈层：互利圈、人情圈、交心圈。**

· **互利圈**。顾名思义，就是以利相交，利尽则散。这是最外层的人脉圈，核心在于你自身价值的高低。在维护这一圈层时，要尽量保证你的价值在不断提升。特别需要注意的是，在价值交换时，要做到等价交换，或者略吃小亏，不可斤斤计较、抱着占便宜的心理。只有正向、正念的人际来往，你的人脉资源才会源源不断。

· **人情圈**。人情圈的价值交换不同于互利圈的等价交换，它往往是不等价交换。更多类似于古人所说的"滴水之恩，当涌泉相报"。因此，对人情圈的关系维护，所耗费的时间精力要远远多于互利圈。

人情圈的用心维护体现在日常时，就要往彼此的人情账户中追加投资。比如，逢年过节时的问候、别人生病或失意时的慰问等。但也要注意，不能陷入各种随份子的"仪式性人情"以及行贿式的"功利性人情"中。这两种人情维护方式既无助于构建有效的人脉关系，还浪费钱财，甚至还有违法犯罪的风险。

- **交心圈**。这个圈层的人际关系超越了简单的利益交换的范畴,是价值层面的认可。交心程度越高,对方越有可能帮你且不计回报,所以交心圈才是人际圈的基石。交心圈的关系维护很简单,就是"君子之交淡如水",不需刻意,随心而为即可。哪怕双方在平时交往甚少,一旦有难,对方会鼎力相助,甚至能做到"士为知己者死"。

大多数普通人的人脉圈,生态结构比较单一,人脉间缺乏有效沟通和价值传递;也没有梳理重点人脉、不做策略经营。若是缺乏人脉之间的连接桥梁,就无法充分调动人脉圈的资源共享。置身这样的人脉网络,个人成长会比较缓慢。只有通过精心的分层维护,搭建健康的人脉圈生态结构,才可以做到重点人脉突出,获取整张网络里的桥梁连接资源。

打造有效的人脉社交,拥有良好的人脉网络,不仅可以让你不断向他人传递价值,也能促进人脉间的协作增值。同时,充满活力的圈子,更易吸引优质人脉加入,从而达到人人受益、合作多赢的局面。

【本节总结】

在职场,构建良好人脉,更有益于职场路的顺行。职场人做好人脉社交,最直接的好处就是"朋友多了路好走",

除此之外，还有4个益处：拓宽工作思路；获得更多机会；了解更多讯息；督促自己成长。

职场人想要从0开始构建有效人脉网络，可以从以下5步开始：第一步，制定人脉构建目标；第二步，梳理现有人脉资源；第三步，找对正确渠道；第四步，主动建交对的人脉；第五步，定期维护人脉关系。在人脉构建的过程中，需要洞察3个人脉误区：误把公司人脉当作是自己的人脉；无背景就不能建立人脉；误把众多微信好友当人脉资源。

在职场，只有提升价值，才能打造出有效人脉社交。有2个维度：第一，打造属于自己的代表作；第二，分层维护关系。通过3个人脉圈，构建人脉圈生态结构，可以突出重点人脉，并在整张网络里起到连接桥梁的作用。这样不仅自己不断给别人传递价值，也促成人脉之间互相协作增值。

3.3 向上管理：对的社交方式，让人脉连接事半功倍

3.3.1 向上管理是职场人达成绩效的重要能力

管理大师彼得·德鲁克曾说："任何能影响自己绩效表现的人，都值得被管理。"在职场，你管理的核心对象应该是你的直接上司。很多时候，上司的资历与经验、对你的了解程度，更能为你的成效、成果和成功提供资源与保障。谷燕燕在给一家企业做辅导的时候，人事经理好奇地问："为什么你才到没几天，公司的大领导们都很听你的话，我们的某总可是出了名的难搞定。"谷燕燕分享说："我只是拿出问题解决方案给你的老板们。很多时候，领导要的不是过程，不是抱怨，不是问题反馈，他们想要的是有人来解决问题。谁能将问题

解决好，他们就会信任谁。"

职场中，这样的话语，你是不是时常能听到？"老板让我这么做的呀，结果我做了，老板又不满意，我也没办法啊。""老板没说呀，我不知道要做什么。""我把问题反馈给老板了，老板又没说怎么做。"上司，是每个职场人都绕不开的相处对象，我们每天都生活在上司的指挥与领导下。不过，你也许还没有意识到：其实，上司是可以被你自己影响的。

在今天这个社会，一个人即便能力再强也无法形成太大的势能，想在职场走得更远，就必须掌握更多的资源，而资源的分配权力大多在上司手中，你所需要做的就是获得资源，对上司进行管理恰恰是一个成熟职场人的第一课。

真正的向上管理，绝不是所谓的溜须拍马，而是能与对方站在同一条战线上，拥有同一种视野，为他的目标和绩效而努力。为了和你的上司完成同一个目标，让上司"按照你的想法"做事。

职场人掌握了向上管理这个重要技能，能带来很多好处。

◎善于向上管理的人，能获取更多组织资源

一般情况下，领导比我们拥有更加丰富的人脉资源、社会资源以及工作经验。通过积极有效的向上管理，我们可以

从领导手中获取更多的组织资源和帮助支持,从而避免时间、精力的浪费,高效达成工作目标的同时,也能积累职业资源。

◎善于向上管理的人,能促进职业生涯发展

大部分情况下,领导会比你拥有更多的职业阅历。如果是良好的上下级关系,领导愿意跟你分享职业发展的经验,会令你的职业发展少走很多弯路。同时,如果你的领导发展得好,你也会跟着再往前一步。

◎善于向上管理的人,更容易实现共赢

我们与领导之间的关系,究其本质是合作关系。通过有效地向上管理,可促使彼此的沟通更顺畅,信息掌握更全面,从而高效达成组织目标。

在向上管理的过程中,领导也可以更容易把控项目整体进度,及时纠错纠偏,对团队工作提供指导和辅助。在彼此适应中,团队氛围会更融洽,实现领导与员工彼此间合作共赢的局面。

跟对人、做对事,事业上才能有所成就,这是职场人士的共识。当一个员工真正理解了向上管理之后,即使上司没

有给他分配工作，他也会主动地找工作去做，而不是木讷地等待上司分配任务。如此正向循环，会特别有利于促进工作效率提升。

3.3.2 向上管理，要学会正确的汇报

谷燕燕有位私教学员在一家公司已经做了 7 年了，一直都勤勤恳恳，默默工作，但升值加薪名单里从来都没有她。她很痛苦，为什么努力付出就是没有被领导看到？于是，她来求助谷燕燕。谷燕燕在辅导之后，学员便认真梳理过往工作，将自己在公司的 7 年汇总成一个个人成长短视频，持续不断在朋友圈发布。

当领导和同事们看完她的视频之后，都赞不绝口，才发现原来她历年来获得了那么多奖状。领导更是关注到，这个员工多年来帮助公司解决了很多重要问题。

通过一个短视频，巧妙地向领导汇报自己的价值后，她成为公司当年唯一涨薪的员工。

你和上司沟通的主要方式就是汇报工作，如果你只知埋头苦干，汇报不得其法，那么极有可能会出现，你付出了十分的努力，可上司也未必知晓的情况。

学会向上管理，就是要学会正确地做汇报。一般来说，

向上汇报有 5 个步骤：

◎**第一步：充分准备**

做汇报前，你要做好充分准备，比如做好工作汇报的 PPT，带上工作成果或是问题解决方案去跟领导做汇报。千万不要带着问题或者情绪，一味向领导抱怨、吐槽，只会适得其反。在跟领导汇报前，备好要汇报的材料，调整好情绪，营造良好的汇报环境。

◎**第二步：呈现结果**

职场中有一句话："可以为过程鼓掌，但只为结果付薪。"向上汇报的时候，你要学会先汇报结果，因为领导更关注结果。

在汇报时，可以根据领导的喜好，精心选择匹配的方式。比如目标感强的领导，你可以做一张 PPT，只写结果，做简练呈现；如果是关注细节的领导，你可以做一张表格，把结果及如何得出结果的过程、相关数据和论据统统做呈现，体现你的用心与细心。

◎**第三步：回应反馈**

当你汇报结束，领导都会对汇报内容做反馈。这个反馈可能是意见上的反应，也可能是情绪上的反应。比如，在你汇报后，领导发火了："你怎么搞的，我说了多少遍了，方案不能这么多，你怎么又这样写！"

这时，你可以先承认自己的错误，然后肯定领导的思维，最后表明自己会努力改正的态度。即使你的方案最后并没有错，你也应该这么处理：先安抚领导的情绪，等他觉得自己的想法被认可了，才会有心情听你说下去。只有争取他的倾听时间，你才有可能再次呈现自己的想法。

◎第四步：获取辅导

一个人的思路总是有局限性的，在你汇报之后，可以请领导对方案做指导，可以是方法上的，也可以是思路上或者理念上的。借助领导的指导来修正自己的经验，帮助你快速精进能力。

◎第五步：达成共识

汇报工作的最终目的是达成共识。如果你的汇报没有和上司达成共识，那就等于没有汇报。这个共识可以是思路上的共识、目标上的共识、行为上的共识。比如谷燕燕辅导私教学员向领导汇报的时候，就是希望通过定期汇报工作结果，能让领导看到她的努力、能力和成果，以达成她成长方向上的共识，在公司有发展机会的时候，领导能第一时间想到她。

·向上汇报的技巧

即使是汇报同样的内容,有些同事就深得领导满意,而有些同事一说话,领导就直皱眉头、表现得不耐烦。所以,向上汇报是需要技巧的。

①**说方案**。如果你只是把问题抛给领导,频繁地让领导做决策,会削弱你的工作价值,长此以往,领导对你的印象自然会下降。

②**说真话**。汇报工作时要讲真话,要实事求是。切记不能夸大或者隐瞒事实真相,因为这会让领导做出重大错误判断,甚至是重大错误的决策。

③**说重点**。洞察领导需求后再开口。比如领导最关心今年公司的收益问题,但你一上来就先讲自己在工作上的困难,一些领导也许会耐心听完,但性格急躁的领导可能就会打断你,甚至让你直接说重点。这样发言,你在领导心中的印象分就会大打折扣。

④**挑时机**。每个人都有自己的情绪周期,领导也不例外。你在向领导汇报前,如果有可能,不妨先观察一下领导的情绪,如果领导刚发完火,刚批评过同事,那就暂且缓一缓。非特别紧急的事,就不必赶着在领导情绪期去汇报。不如给领导一点平复心情的时间,或者先说些开心的事情,让领导缓和

心情再汇报。

谷燕燕每次找领导汇报工作的时候,都会先问下周围的同事,领导今天心情如何;如果领导不在办公室,她会先发个微信,看领导回复情况,如果不回复或简单一个字回复,可能情绪不对。她会根据领导的情绪调整自己汇报的结构,把好的事情前置,营造良好的沟通氛围后,再说工作难点和需要支持的地方。

因为她每次都是带着解决方案跟领导坦诚沟通,领导大都很放心,愿意授权,她也就获得了更多成长机会。

·向上汇报的时间和频率

一般情况下,如果想每天汇报,你可以借助工作日志进行简单沟通,让领导能快速知晓你的工作状况,并能有针对性地做出指示。每天汇报的情况,更多是发生在项目进度上,每天做进展呈现,能让领导安心。

职场中更多的是周汇报。每周做一次面对面或者周例会上工作总结的汇报,呈现工作结果与你的价值。汇报内容包括一周的主要成绩、重要工作进度、下周计划安排等等。

无论是每天汇报还是每周汇报,我们都要尽量做到定时与定点汇报,重要紧急的事情及时汇报。

谷燕燕每天都会写工作日志,并将一天的工作向领导做汇报。在每周日,她还会把周复盘和下周计划发给领导,同时寻求领导的支持与辅导,看看工作的重点和思维方法是否有需要修订的地方。

这样的工作方式,让她能很清晰地知道每天与每周的工作节奏,对领导布置的任务做出合理安排,确保结果高效、成功地达成。

在职场中,不管你的级别如何,向上汇报都是日常工作中必然会遇到的。对于汇报者来说,任何一次表达都是在向领导展示自己的机会。一个职场人若无法有效地和上级进行汇报,将会很难做到真正的成长。

3.3.3 做好向上管理,需要 3 种能力

向上管理其实就是与上级沟通。领导也是人,好好说话、坦诚交流即可,并没有那么可怕。当然,若沟通不畅,会出现意外,进而引起领导反感,甚至影响自己在领导心中的印象,这样的情况也并不少见。所以,要想真正做到"管理"领导,你必须得具备 3 种能力。

◎和领导平等对话的能力

每个人的精力都是有限的,领导不可能时时关注到每一位员工。如果你没有稀缺的竞争力,在公司里又可有可无,那领导不接受你的管理是很正常的。因为强者更愿意和强者合作。谷燕燕有一次收到一个资深员工的咨询,该员工希望领导能够为自己加薪,但领导却总是置若罔闻。

谷燕燕做完详细的了解后发现,这位咨询者虽然平时工作很辛苦,天天加班加点,但她做的工作可替代性太强了。在领导眼里,流失就流失了,重新招一个人就好,替换成本很低,也就一直没有回应加薪需求。

所以,想要做好向上管理,你需要不断打磨自己的能力,构建稀缺竞争力,让自己至少在一个领域不可替代,是向上管理、让领导重视你的必要前提。

◎和领导主动互补的能力

领导也是普通人,是普通人就会有缺陷、有疏漏的地方。你应该重点关注领导的短板,然后尽量去做互补配合。

谷燕燕在做企业辅导时,发现客户公司有一个员工C特别擅长向上管理。C在设计部,她的直属领导S是公司花重金挖过来的,有着丰富的设计经验。但S很不擅长和客户沟通,每次团队做出设计方案，到了向客户汇报的环节，S 就表述得磕磕绊绊。C 注意到了上司的短板，在某次又需要跟客户沟通时就主动请缨，陪着 S 一起去做汇报，两人的合作发挥出极大效果。之后，她俩就出色地完成了一个又一个订单。

以自己的优势去与领导互补，你就能和领导呈现出"1+1>2"的效果。

◎构建个人影响力的能力

如果你是团队的头儿，每次领导下派的工作，你的团队成员都愿意听指挥，愿意跟着你卖力干，以最好的状态来完成领导交给你们的任务。振臂一呼、响者云集，这就是你在职场的个人影响力。

影响力怎么去构建？以下 3 点可以参考：

①影响力来自你能带着大家打胜仗

在任何一个团队或组织里，如果你想对他人造成影响，那就要不断证明自己，让大家觉得跟着你有肉吃。如果一个人在工作中不断能证明自己是对的，并一直能带领同事们一起取得优异的工作成果，那未来大家大概率都会愿意听他的指挥。

②影响力来自你愿意分享荣誉

如果有一个这样的领导：每次任务都能成事，成事之后，你得到的好处比他还多,那下次若还有工作你一定会愿意继续跟着他干。而职场中还有另一些领导,喜欢揽功劳,把团队的成绩都归于自己,这样的人就没什么人愿意跟他合作了。

同理,如果你每一次都能把成绩和荣誉分享给团队的伙伴,大家因此而得到嘉奖,那下次再组队,伙伴们一定还会愿意和你一起战斗。从某种程度上来讲,这是在用利益换取影响力。

③影响力来自你敢主动承担责任

假设,你带着一帮兄弟去完成一项艰难的任务,有可能成功,但也有可能失败。这时候你说,失败了,你来负责。你敢于主动将责任揽到自己身上,给团队伙伴以底气与信心。那么下一次,你还站出来带兄弟们去干活的时候,大家自然也都乐于跟着你。毕竟,事成了我有肉吃,事败了你还能帮我担一担,那为什么不跟着你干?

当你具备了强影响力之后,能更好地为领导分忧,对于领导布置的工作会因为团队伙伴的全力支持,而做得更顺畅。

向上管理的核心是建立并培养上下级之间健康良好的工作关系。想要实现这个核心目标,管理与被管理的双方都需要积极主动地向前一步,彼此配合才能形成良好循环,也才能促进工作的高效达成。

【本节总结】

向上管理是职场人达成绩效的重要能力：善于向上管理的人，能获取更多组织资源；善于向上管理的人，能促进职业生涯发展；善于向上管理的人，更容易实现领导和自己的共赢。

向上管理，要学会正确的汇报并及时汇报。一般有5个步骤：充分准备、呈现结果、回应反馈、获取辅导、达成共识。正确的向上汇报需要技巧：带着解决方案和领导汇报；实事求是，讲真话；洞察领导需求，说重点；了解领导情绪，挑时机。尽量做到定时定点汇报，重要事情及时汇报。

做好向上管理，需要3种能力：和领导平等对话的能力；和领导主动互补的能力；构建个人影响力的能力。管理与被管理的双方都要积极主动地向前一步，才能形成良好的向上管理环节。

3.4 向下成就：你能成就多少人，就能做成多大事

3.4.1 向下成就是管理者的首要责任

哈佛商学院的一项研究显示：一个人在工作中能否取得绩效，72%是由他的上级决定的，他自身决定绩效的比例只占28%。创业酵母的创始人张丽俊也说："向下负责，是管理者最大的修养。"相对于管理者而言，员工缺少资源，能力不足，如果管理者不对他负责，他根本无法取得绩效。只有当管理者了解到下属的长处，并能够按照其长处设置下属的工作和职能，绩效才有可能不断提升。

可以说，员工的成长和绩效，其实是管理者在认真负责的情况下设计出来的。因此，向下成就是管理者的首要责任。

◎向下成就包含的3个内容

①**学会放权，给下属更多机会**。很多管理者因为害怕员工犯错、低效耗时，为了更快拿到结果，凡事都是自己顶上。但这样做的弊端是，当下属觉得所有事情领导都在做的时候，依赖性就会越来越强，能力也就越来越弱，最终在工作上形成了恶性循环。所以，向下成就的核心，是要学会放权，给下属机会成长，成就他们在职场中逐步成长。

②**督促并辅导下属拿到结果**。当员工的绩效目标设定后，要及时追踪员工的结果达成情况，并跟他们一起分析过程当中所遇到的问题，不断推动员工拿到更好的结果。

③**让下属看得见愿景达成**。很多时候下属并不清楚领导的期望，对自己的成长也没有太大要求，每天只懂得按部就班地完成领导交代的任务。此时管理者若能帮助他们做出规划，并通过沟通鼓励，让他们清晰地看到未来的机会、愿景达成的路径，甚至从长期来看，他们可以成为谁，员工的工作会更有动力。

谷燕燕的前领导就特别擅长向下成就。他总是给下属很多机会，谷燕燕想要研究新媒体，他就放手让她去做，在遇到问题的过程中还会不遗余力地辅导，这让谷燕燕成长得特别快。

不仅是谷燕燕有这样的待遇，公司大部分员工也都是这样成长起来。前领导带出了很多优秀员工，在具备了个人综合能力后，他会鼓励大家选择一个领域独立创业。优秀的下属们在创业成功后，会以合伙人的身份继续与公司展开合作。

聪明的前领导通过成就很多人，创建出一个崭新的商业模式，让公司快速从单一的人力资源领域延展，形成了一个基于 HR 人群的生态系统。

◎向下成就，需要重视两个方面

向下成就，被信任是基础。只有被下属充分信任，你的推动才能够发挥作用。

①让下属信任你的能力。 下属愿不愿信任，核心因素是跟着你能不能得到想要的东西。绝大多数人是先看见再相信，需要看见结果才选择信任。所以，作为团队的头儿，你要带着大家一起做项目，在工作过程中展示自己的能力，并做出成绩。

谷燕燕有一次接手了一个很紧急的项目，只有两天时间，需要在全新的市场成交一个付费课程。她团队的小伙伴都表示，这不可能达成。但领导交来的任务又不能不做，谷燕燕就亲自示范，在 1 小时内快速找到渠道，成交了 3 个客户。她让大家相信，虽然时间紧、任务重，但这并不是不可能完成的项目。之后的两天，谷燕燕一直陪伴着团队，并把经验毫无保留地分享出去，对每一个伙伴做赋能与支持。最后，顺利完成新市场的拓展。

②主动连接下属，彼此做了解。你和员工如果没有足够的了解，不知道彼此的生活习惯、文化习俗，有时候在工作当中就容易产生摩擦。比如在语言上，有一些你觉得很正常的词汇，来自其他地域的伙伴可能就会觉得带有诬蔑的意味，产生不必要的误解。

管理者要多创造与下属接触的机会，坦诚相待，让下属主动了解你。比如组织裸心会、团建活动，营造真诚沟通的氛围，增强理解和情感共鸣。当心走近，信任就容易增加。

乔布斯说："一个优秀的员工可以顶 50 名平庸的员工。"这并不是说一个人可以干 50 人的活，而是他可以影响到很多人。一名真正出色的管理者，不一定自己能力有多强，他若能做好向下成就，让每个下属都能迅速成长，则可顶 50 个平庸的员工。

3.4.2 让下属更快地成长有 3 个维度

职场管理者最大的工作重点并不在于自己的能力和成长，而是所带领团队的能力与成长。与其费尽心思帮助下属"设计"

成长计划，不如先唤醒和激活他们的内在动机，驱动自我成长。

◎维度1：让每个人都能发挥优势

管理大师德鲁克说："去用人，别去改变人。"团队里的每个人都有其不足，但同时也都有自己的优点。在对下属的安排使用上，要尽量做到用其优点、避其缺点。

①让优势与工作匹配。一个人只有在对的岗位上，充分发挥其优势，才会收获更好的成绩。比方说，一个充满活力和外向的人，交给其一场演讲任务，他可能很快乐，从而工作高效。但如果让这个人去做处理信息、收集图标等工作，他可能就会做得很痛苦，因为他没法安静坐下来处理各种数据。了解团队里的每个人的优势与劣势，把合适的人放到合适的位置上，才能让下属更快乐地成长起来。

②动态调整，不断优化。环境在变，环境中的人也是一直在变化中的。下属的能力会在工作中不断成长。所以要持续关注每个人的工作成果变化，如果有人能不断超预期完成工作，就应该鼓励他去挑战更高的目标；反之，对于一直无法完成目标的伙伴，可以跟其一起分析原因，适当的时候可降低一点预期。

有温度的管理，是充满人情味地对待下属，依据每个人的特点做成长激励,而不是机械地做"一刀切"。

谷燕燕的私教学员王玲是一个公司的人力负责人,她会给员工定期做优势测评,来验证下属的优势是否发生了变化,如果发生了,那就分析变化是好的,还是不好的。如果是好的方向,她会继续给下属更多的锻炼机会,推动成长;如果是往坏的方向走,她会及时和下属沟通,帮助其找到原因,改善行动。

◎维度2:转化目标,推动愿景达成

管理者应真诚地关心员工的生涯发展,将组织的愿景及目标转化为团队成员的挑战及有意义的目标,并让组织的目标与员工的发展目标合二为一,努力推动下属的发展。在推动中,常常会出现的弊端是"三分钟热度"。为避免这一情况的出现,管理者应鼓励下属设立职业发展目标,然后进一步帮助下属行动。通过有效对话和指导,助推下属完成以下3个动作:

①制订行动计划

——你的目标是什么?

——你的行动计划是什么?

——你什么时候开始行动?

②列出所需的支持

——你需要哪些支持?

——我如何更好地支持你?

③约定下次指导

——下一次什么时间沟通?

——再次沟通的时候需要沟通哪些内容?

◎维度3:带领下属去拓宽视野

职场上有这样一种现象:很多管理者想培养下属,实际工作中却发现对方像扶不起的"阿斗",不管怎么辅导,都始终难有出色表现。究其原因,并不是下属能力不行,而是双方视野不同。领导因为所处位置不同,接触的圈子不同,视野与思维、眼界都更广阔,但下属暂时没能跟上脚步。

所以,要解决这一现象,可以带着下属一起外出学习,参观同行佼佼者的企业,见牛人、见世面。当下属拓宽了视野,会与领导保持同频,也就更容易激发自驱力,做到主动成长。

这里,我们重点说一说见牛人。见人,其实并不仅仅是简单地与人见一面,还需要关注以下两个方面:

①拆解牛人成长路径

管理者要有意识地带着下属去拆解牛人的成长路径,让下属知道有哪些地方是自己可以模仿的,这样下属对牛人就不会停留在"见一面"的层面,而是会主动模仿,学习牛人身上优秀的地方。

②鼓励下属努力超越

当通过拆解找到可以模仿的方向时,领导要鼓励下属展开行动。即便行动中会遇到很多困难,但要给足鼓励,帮助下属减轻内心障碍。通过一次见牛人的活动来找到方法,加速自身成长。

谷燕燕自己就是这个方法的受益者。她是在前领导的鼓励下成长起来的,每天会给领导写复盘日志,领导也会定期审阅。当发现问题时,领导会带她一起去见更优秀的牛人,鼓励她不断超越。在这样的模式助推下,谷燕燕快速成长为公司的运营第一人,也因如此,她陪伴着公司从一间俱乐部成长为一家全国型的平台型企业。

【本节总结】

在职场,向下成就是管理者的首要责任。向下成就包含了3个内容:要学会放权,给下属更多机会;督促并辅导下属拿到结果;让下属看得见愿景达成。想要实现向下成就,被信任是基础:让下属相信你的能力;主动了解下属,也让下属更了解你。

让下属更快地成长有3个维度:让每个人都发挥优势;转化目标,推动愿景达成;带下属去拓宽视野。

第四章

破局力：轻松突破困境，一路开挂超越同龄人

每个人在职场上努力拼搏，多数所求都是升职加薪。但当工作到了一定年限，虽有经验、有专业能力、有人脉资源，也难免会陷入晋升难、加薪难的困境。

破局，就是打破现有系统，进入更大的系统，把局面扩大，获得更多可能性，解决职场困境。

网上曾有一个故事：两个同班同学毕业后，一个加入了某知名互联网大厂，一个加入了报社。多年后去互联网大厂的同学已经年薪百万且股权在手，即使互联网行业不再处于巅峰时期，这位同学的职业选择也依然很多。而去报社的同学因为纸媒时代的没落，工作现状远不如前者，一切需从头开始，他唉声叹气，消沉怠工。

这个极具代表性的故事，体现了时代趋势下普通人择业与破局的重要性。

即使纸媒行业风光不再，其实去报社的同学也完全可以凭借多年的文字功底，转型去做线上自媒体，发挥所长，解决困境。可惜，他选择的是耽于现状，停步不前。在历史发展的洪流中，顺应时代趋势，借助趋势红利去破局是普通人易上手的方法之一。当前，能轻松把控红利的机会依然是在互联网。

本章，将从转型线上、自我营销、共情传播、流量变现 4 个维度，举例一部分当前互联网的玩法，以期能够帮助更多人打开破局的思路，在职场上积累更多的筹码和优势，在机会来临时站在竞争者的前列，实现弯道超车。

4.1 转型线上：随时随地开展业务，每分每秒创造财富

4.1.1 在线上放大你的才华

跑跑是一名幼儿钢琴老师，在长沙开设了一家独立音乐教学工作室，她的教学质量深受孩子和家长的好评。在转型线上之前，跑跑一直用发传单、家长介绍等传统线下营销方式进行获客。在 2020 年疫情出现后，这样的方式变得效果甚微，学生始终在个位数徘徊。

成为温张敏的私教学员后，跑跑从 0 开始学习线上知识，在各个自媒体平台发布了钢琴弹奏的视频，并在直播间进行钢琴和乐理教学，短短几个月就收获了第一批学习钢琴的忠实铁粉，销售出课程，获得不菲营收。通过线上转型，跑跑的钢琴教学事业有了新的突破，这就是互联网的魅力。

所以，**普通人为什么要转型线上？**

◎ **在线上，能放大你的个人才华**

普通人在职场上大多缺乏选择能力，而线上自媒体却是超级杠杆，能把个人才华百倍、千倍地放大。当你学会了用线上平台去展示自己，你输出的那些内容、观点和记录就会成为线上的名片和简历，使得自己更容易被看见，从而获得更多机遇。

职场人做线上自媒体的目的不一定是变现，也可以是放大和吸引。当其他人还在骑着自行车奋力前行的时候，你可以坐上小汽车更快抵达目的地。

Alin 找到温张敏时，正从线上教培行业裸辞不久，处于待业状态。在温张敏的建议下，她开始在视频号上发布短视频，一段时间后，就收到了某艺术培训学校的合作邀请。创始人说，浏览了她的视频，了解到她有线上运营从业经验，恰巧学校需要这方面的管理人才，便邀请她成为新媒体合伙人。

自媒体是个人才华的放大器，职场人可以通过平台推广自己获得更多的曝光，扩大自己的影响力。

◎ **在线上，能获取低成本的流量**

生意获客的底层逻辑一直都是获取用户流量、抢占客户心智。只是时代不同，获取用户流量的渠道不一样，经营用户心智的方法也发生了变化。当下我们低成本获取更多流量、经营用户心智最佳的工具无疑是线上平台。

互联网有这么一句话："传统企业做 10 亿元的生意，需要 1,000 人；电商企业做 10 亿元的生意，需要 100 人；网红企业做 10 亿元的生意，只需要 10 人。"这句话其实并不夸张，很多头部主播直播间 1 个月的营收基本上相当于 1 个中小型公司一整年的营收体量。

互联网正在悄悄地改变用户的消费习惯。因为短视频和直播的发展，让个人在线上得以同时触达的用户数量达到了线下无法比拟的量级。个人和企业均可以通过图文、视频形式的内容创作，实现低成本的流量获取，快速建立起用户的信任、占领用户的心智。即使普通人做不到一个人完成一个公司的业绩，但相较于线下获客，能实现更高效的获客和更高的业绩转化。

4.1.2 明确用户画像

或许你曾经有过这样的经历：在短视频平台上给一个视频点赞，并关注了博主，那么接下来的几天，你就会刷到来自同个领域其他博主的视频。又或者，某天你在购物平台上购买了家居用品，接下来，你所看到的平台首页上，就会出现更多其他家居用品的推荐广告。

这种现象叫作"大数据推荐",其能够实现精准推荐的原因,是基于对用户画像的分析。在本书的第一章"1.2 玩转写作"这一节就曾提到过"用户画像"这个词。本节,我们来做详情阐述。

《用户画像:方法论与工程化解决方案》一书中对用户画像的定义是:**用户画像即用户信息标签化,通过收集用户的社会属性、消费习惯、偏好特征等各个维度的数据,进而对用户或者产品特征属性进行刻画,并对这些特征进行分析、统计,挖掘潜在价值信息,从而抽象出用户的信息全貌。**

对于互联网来说,用户画像分析有着重要地位,平台会根据用户的行为,进行记录、分析,将其信息提炼成标签,用在广告投放、内容分发、活动营销等诸多线上业务中进行精准营销,实现对目标用户的精准触达,从而达成更高的用户转化率。

对于想转型线上的职场人来说,用户画像分析自然也是不可或缺的一项工作。如果你对用户画像缺乏了解,那么生产的内容和产品就会缺乏针对性,用户不感兴趣就会影响转化和变现。

例如:20岁、30岁和40岁年龄段女性的关注点和需求偏好基本不一致,而同样在20岁年龄段的女性,不同人之间也有不同的关注点,关注自我成长的、关注变美的、关注赚钱的、关注育儿的,她们的需求偏好可能天差地别。我们不能把"20岁女性"这样一个泛属性标签当成自己的目标用户群体,拿着单一的标签去生产内容和产品,这样很容易会陷入"想当然"的误区。

做好用户画像分析有两个关键步骤:提炼用户标签、勾勒用户画像。

◎提炼用户标签

标签的提炼基本上围绕"用户是谁""用户在哪里""用户在做什么"3个问题进行,是形成用户画像基本轮廓的重要基础。可以从以下几个维度来做提炼:

维度	标签内容
用户人口属性	性别、年龄、地域、出生年月、职业等
用户社会属性	婚姻状况、家庭情况、社交关系偏好等
用户消费属性	收入状况、消费水平、消费偏好、常购商品、购买频次、购买单价等
用户兴趣属性	兴趣爱好、使用App/网站/工具、浏览/收藏内容、点赞/评论互动内容、使用频次、时长等
用户行为属性	在什么场合什么时间做什么事

- **用户标签的获取方式有哪些？**

可通过行业研究报告、互联网平台、第三方数据平台、用户调研和访谈等方式获取。结合自身内容和产品的需求，对用户标签加以提炼和总结。

◎勾勒用户画像

在提炼出用户标签后，需要在用户标签的基础上进行勾勒用户画像，以呈现完整的目标用户群体特征。以焱公子的"IP变现"年度社群为例，这是一个陪伴成长型社群，主要解决普通人如何打造线上个人IP、实现变现的问题。

通过用户标签的提取，我们可以勾勒出这样一个用户画像：

①"IP变现"年度社群的用户以28~45岁的已婚女性为主，她们通常居住在一、二、三线城市，主要为本科以上学历高知人群，有较好的付费能力，年收入在15万~30万之间，多数有房有车，但同时生活支出较高。有部分人有使用信用卡的习惯，也会出现负债。

②她们有较强的学习意识和学习习惯，平时有经典书籍的阅读习惯，在闲暇时间爱看成长类文章、视频、直播，有线上课程学习经历和付费意识，至少学习过1门千元线上课程。

③在职场上，她们通常有5~10年的工作经验和专业能力

积累，当前正处于自由职业状态或者职场转型关键期，对接下来的发展方向感到困惑，想要通过学习和线上转型拓展更多的可能性，突破职业瓶颈，增加收入，实现自我价值。

做用户画像，越详细越好。具体到用户的性别、年龄段、受教育程度、收入水平、消费场景、内心诉求等，甚至还需要分析出用户群体的兴趣、行为习惯、思考方式、人生经历等，来勾勒出用户群体的全貌。

用户画像越清晰，我们才越能清楚地知道目标用户是谁，有什么样的属性特征，可能存在什么样的兴趣行为和消费行为。明晰了用户画像后，后续的内容营销、产品转化才能更有针对性；更容易在粉丝中筛选精准用户，明确资源的投入方向。

4.1.3 匹配平台调性

买衣服的人喜欢上淘宝，买家电的人喜欢找京东，看八卦的人喜欢刷微博，找答案的人喜欢去知乎，喜欢护肤、穿搭的人喜欢看小红书，找朋友聊天的人喜欢用微信……线上平台百花齐放，每个不同的平台在大浪淘沙下生存下来，都具有自身独有的基因和调性，吸引着不同的用户群体。

若想通过各大线上平台赚钱，从流量红利中分一杯羹，在入局之前，就要先摸清平台调性、平台用户人群特质和偏好，再看自己更适合什么平台，而不是看见什么平台火，就盲目地加入什么平台。

平台的选择，关系到信息的传播效率，决定了你要用什么样的内容呈现形式来打动目标用户。在传递同一个信息时，不同的平台用户对此做出的反应极有可能是不一样的。

例如，你发布了一段专门针对健身小白的健身教学视频，在 KEEP 这样的健身平台上，假设视频被 100 个用户观看，他们基本上都是相对精准的健身爱好者，所以，大概率会有 40~50% 的人会是你的目标用户。但如果你发布在特性是"泛娱乐"的抖音平台，假设有 100 个用户观看，极有可能只有 10% 左右是健身爱好者，最后能成为你的目标用户的可能仅仅有 1%。

信息对于精准用户的规模化触达能力，是我们选择平台的一个重要标准。一个适合自己的平台能节省更多人力、物力成本的投入，实现对精准用户更低成本、更高效的触达。因此，结合自身风格去匹配平台调性就显得尤为重要。

◎以常见的几个自媒体平台来做平台调性分析

目前，短视频和直播平台中比较热门的有抖音、快手、视频号、B 站、小红书等。

• 抖音

作为日活跃用户数量超 7 亿的短视频和直播平台,抖音无疑是现在众多平台中的头部流量大户。抖音的品牌 slogan(标语)是"记录美好生活",相较于其他短视频平台,抖音的内容创作更多地集中在分享有趣、美好的生活娱乐场景。

根据巨量算数的用户统计,抖音整体的用户人群偏二线城市以上的年轻群体,所以演绎、生活、美食类的视频播放量都比较高,用户群体更加偏好年轻时尚的生活方式的分享。

抖音在短视频和直播上的内容生态和电商生态已经处于成熟阶段,但成熟并不意味着没有红利,成熟只是意味着场内都是高端玩家,竞争更激烈,对新入局的玩家要求更高。同时也意味着,已经有很多前辈帮我们探出了成功的模式,跑通了商业变现的路径,后入的玩家可以少走很多弯路。

• 快手

在短视频的赛道中,快手用户群体更偏于三四线城市及以下的下沉市场。如果说抖音分享的是精致、美好的生活,那么快手记录的就是真实、接地气的生活,分享人们在真实生活中会遇到的人和事。

这种接地气的特质,形成了快手独有的"老铁文化",主播跟粉丝之间的关系更加亲近、黏性更强,因此在快手平台做短视频、做直播,"老铁"粉丝也能为创作者们带来不错的商业价值。

• 视频号

视频号是基于微信生态的内容平台，跟抖音一样，也是短视频与直播并存的模式。它的出现，打通了整个微信生态。并且，视频号兼具了公域平台和私域平台的特性，内容既可以通过微信社交关系的点赞、转发获得裂变分发，也可以通过平台的算法推荐机制获得流量推荐。

相比其他平台，视频号基于熟人社交内容属性更强，视频和直播可以顺畅地触达朋友圈、微信群聊和个人私聊，因此擅长社交关系维系的玩家更容易搭建起公域流量到私域流量的转化闭环。

• B 站

如果说抖音和快手占据了短视频的主战场，B 站则占据了长视频市场的一席之地，也因为其动漫二次元的基因，成为"95 后""00 后"新生代年轻用户的主阵营。

B 站 UP 主分享的中长视频不仅有趣好玩，还不乏很多硬核的知识科普分享。年轻用户不仅会在 B 站看视频娱乐休闲，也习惯于在 B 站学习与求知。独具特色的二次元圈层、潮流文化，丰富又有趣的科普知识，拉拢了年轻人的心。

• 小红书

因为主打吃穿住行这些生活方面的内容分享，小红书聚集了一批爱美、爱生活的高消费力年轻女性，是一个以图文＋短视频形式为主的生活种草类内容平台。

爱美的女生们在小红书上学习护肤、化妆、穿搭，寻找博主自用分享的好产品，让自己变得更好，让生活变得更精致。她们对自己、对生活、对物品都有着美好的追求，同时也不乏不错的审美能力和消费能力。

◎转型线上需要思索的6个问题

大火的平台有很多，以上只是列举了其中的几个，让大家了解它们之间有着不同的调性。在入局之前，要根据自己的实际情况来做选择。如果你明明有着一身钢铁侠的装备，却因为选错了平台，大概率会在错误的道路上一路狂奔。就好比你擅长的明明是耐力长跑，却一定要参加爆发力强的短跑比赛，从而导致没有取得好成绩，着实是可惜。

因此，**我们在转型线上时，要重点思考以下6个问题**：

①我擅长哪一种内容形式？长图文、短图文、短视频、长视频还是直播？

②我的风格是风趣幽默娱乐型、还是硬核干货严谨型？

③谁喜欢我这类风格的内容？

④谁会为我的内容买单？

⑤他们大量活跃在哪个平台？

⑥这个平台上有没有我这个方向已经成功的标杆案例?

每个人擅长的领域都不尽相同。逻辑严谨、擅长写长文章的人,不一定会写风趣幽默的短文案,就适合深耕长图文内容平台;擅长写短文案的人,不一定擅长用短视频呈现想法,就适合深耕短图文社交平台;擅长拍视频的人,不一定能够适应直播间的即时互动,就适合深耕视频赛道而非直播赛道。

每一个平台都存在赚钱的机遇,但弱水三千,只取一瓢饮。普通人限于时间精力,我们强烈建议大家深耕一两个平台,做稳、做扎实后,再考虑"全面开花"。

如果你想要通过平台去放大才华,树立更具专业度的个人品牌,那么所选择的平台就要达到以下3个目的:

①能够帮助你树立专业上个人品牌的认知度;

②能够反映你个人品牌的核心价值;

③能够提升个人势能和背书,提升你在行业中的影响力。

举个例子,谷燕燕作为HR个人品牌顾问,会选择上BOSS直聘、拉钩等招聘平台渠道发布自己的课程,进行个人品牌的推广,而不是抖音、快手等泛娱乐平台。她选择的平台涵盖了最全的HR人群,能够快速地打开其在HR领域的品牌认知度,同时提升势能和背书。

平台的调性刚好跟你的擅长点相匹配,同时有足够多的目

标用户又活跃在那里，你就找到了自己线上转型的简单模式，成功的概率自然也就更高。

【本节总结】

转型线上，是时代趋势下普通人的破局之道。自媒体就是普通人的超级杠杆，可以让我们的个人才华获得更多的曝光，放大个人影响力，实现获取低成本的流量，更高效地触达用户。线上平台百花齐放，在入局之前，需要先分析好用户画像，把握各个平台的调性，选择匹配自身风格的平台进行深耕，才更容易收获成功。

4.2 自我营销:像经营公司一样经营自己,好口碑带来强信任

4.2.1 每个人都需要自我营销

提到自我营销,很多人会对此嗤之以鼻且十分抗拒:没实力的人才搞这些虚头巴脑的事情,有实力的人根本不需要。其实这是对营销的误解,自我营销并非阿谀奉承。

著名管理学家彼得·德鲁克曾说:"营销的目的在于深刻地认识和了解顾客,从而使产品或服务完全适合他的需要并形成自我销售,理想的营销结果是让客户主动购买。"**自我营销是积极主动展示自身的实力,塑造并传递给他人自己专业、靠谱的职场形象**。无论是说服同事领导、汇报工作,还是参加面试,都需要展示自己的实力,都需要自我营销,让领导、

客户、同事更加信任自己,从而获得更多机会。

不少职场人对此进入了一个误区:"等我专业能力强了,自然会有人看到,再不济,到那时候再营销自己不就行了?"话是没错,但这是一个信息爆炸、酒香也怕巷子深的时代。

曾在电视时代,有一句广告语:"鸿星尔克,to be NO.1。"鸿星尔克品牌曾经辉煌过,后来在国外运动品牌强势的营销宣传、李宁和安踏逐渐摸索出国潮营销策略下,因资金和库存等一系列问题,在营销上落后了脚步,逐渐在大众市场失去自己的地位与声音。

2021年7月,河南发生暴雨洪灾。鸿星尔克在它的官微发布了向灾区捐款的消息,总裁吴荣照用私人微博进行了转发。

有网友看到了这条低调的消息,发现鸿星尔克自己尚且亏损2.2亿,却大手笔地捐赠了5,000万。热心的网友们瞬间炸开了锅:自己都快没钱了还捐那么多钱,捐钱了也不宣传,真是太低调了。于是,在网友们的自发宣传下,这一消息开始在全网发酵、扩散,大量的人冲向鸿星尔克直播间、线下店铺,掀起了一轮"野性消费",硬生生买空了鸿星尔克的库存。虽然这是一场网民自发组织的营销事件,却也让鸿星尔克这个品牌在沉寂了十多年后,重新走进大众的视野,为这个在亏损线上挣扎的低调企业带来了一线生机。

在鸿星尔克爆红事件后,网友们又挖掘出了很多良心国货品牌,例如:贵人鸟、汇源果汁、白象方便面等。这些无一不是踏实做产品、低调做好本分事的企业,像这样的企业,还有很多。企业尚且会因为缺乏营销、不被大众熟知而逐渐失去市场份额,遭遇生存危机,更何况是平凡个体。

所以,普通人的自我营销,天然是为了个人品牌的建立,为了让人关注自己而发声。在职场,个人能力往往是通过项目实战、不断积累经验提升的,越是重要的岗位收获的成长就越大,但在同样的能力水平下,会自我营销的人通常能够先人一步得到重要岗位的机会,加速自身的成长。

这也是很多人明明踏实努力工作,业余时间也主动学习,能力不差但升职加薪却总是落后一步的重要原因。

守株待兔的故事我们都听过:农夫偶然捡到了一只撞上树桩的兔子,于是农夫日日守在树桩旁等兔子。但守株待兔绝对不适用于当下的职场,现在是一个快节奏的时代,机会不是等来的,一个从没有展现出自己卓越跳舞才华的人,别人都不知道你会跳舞,又怎么会把邀请上大型舞台跳舞的机会给你?

所谓职场人的个人品牌,本质上并不是你认为自己是谁,而是别人觉得你是谁,要想让他人在想到某个领域时第一时间想起你,就需要日常运营自己、公开表达并营销自己。

4.2.2 包装线上社交形象

自我营销一定要大张旗鼓？其实不然。我们完全可以不动声色地将这件事融入日常，利用好社交平台工具去展示自己的能力。

当下职场人很多的工作交流、日常的沟通都在线上完成，很多线下没有见过面的客户、朋友都是通过线上形象来了解、认识一个人。大家习惯性地通过头像、昵称、标签、朋友圈来分析、判断对面是一个什么样的人。

因此，职场人一定要做好线上社交形象的包装，这就好比你在公司上班需要服装得体，女士需要化淡妆一样，良好的社交形象可以增加不少印象分。

线上社交形象的包装，可以从以下几个方面入手：

①使用真人头像，增加辨识度。 如果你想要传递给人专业、值得信赖的感觉，最好使用自己的真人照片或真人动画图作为头像。使用真人头像更容易让一个人更具辨识度，在一众使用风景图、动物图、明星图的人中脱颖而出，给人留下深刻印象。头像风格越匹配职业形象，就越容易给人留下专业、靠谱的印象。

②使用固定昵称，加深记忆。 在职场上，我们通常使用真名，也有一些互联网企业会使用花名昵称。线上无论是使用真名还是使用虚拟的昵称，都需要具有辨识度高、无歧义、易搜索3个特点。昵称一旦确定，不要轻易频繁更改，固定的昵称更容易在沟通中留下记忆。

③打磨自我介绍，促进价值感知。 一份好的自我介绍是线上社交的利器。因此要打磨好自我介绍，讲清自己的优势。一般来说，好的自我介绍通常会包含以下3部分信息：

我是做什么的（个人标签）

我做出了什么成绩（有什么案例、结果数据）

我可以提供的价值（帮你解决什么问题、连接什么人脉和资源）

标签可以是你的定位+背书/职位/权威身份等。如果你觉得自己的头衔不够权威，至少也要在标签中体现出从事的领域，让人知道自己擅长的事情是什么，例如："'00后'流量操盘手""营养瘦身顾问"等。在成绩和案例的提炼中，要注意突出数据，例如："指导的学员从0到1，单条短视频突破百万播放量"。

好的标签和成绩能够让人快速感知到你的能力和价值。

④打造朋友圈，呈现丰富人设。微信朋友圈已经不可避免地成为我们了解一个人的重要窗口。当加上一位微信好友后，总会点开他的朋友圈看一看，通过里面的内容来增加对这个人的了解。

普通人可以展现自己的渠道本就不多，朋友圈是自我营销的重要阵地，相比于其他平台工具，朋友圈离人更近，且朋友圈对输出能力的要求较低，一句话、一张图也可以传递出很多信息。对于职场人而言，用于工作沟通的微信朋友圈，更值得你好好打造。因为不仅仅是领导、同事，包括客户、潜在的客户，都有可能会来翻阅你的朋友圈。

朋友圈自我营销的核心一般会围绕"真实、高价值人设的呈现"展开，通过日常生活、工作、想法、价值观的输出，展现你的专业和靠谱等。

好的朋友圈，会让人看完后就忍不住想要靠近你、信任你。如何打造朋友圈？关于内容模块的规划，可以参考以下几个方面：

（1）**生活碎片的分享**。日常生活碎片的输出，会让人知道你是一个真实存在的人，有自己的家庭，有自己很看重的人和事，有自己的喜好。

温张敏的私教学员敏敏特穆尔是一名社群运营官，学习个人品牌打造以后，她就取消了"朋友圈三天可见"，改为"一直可见"。以前她很少发朋友圈，现在却时常在朋友圈分享日常带娃、辅导作业的趣事记录和心得体会。她所运营社群的宝妈用户刷到后，都会点赞、留言，跟她讨论孩子的趣事，极大程度促进了她与未曾谋面的用户间的亲密度和信任。

生活日常的分享秉承真实原则即可。真实的分享，能传递出人设的温度，打破线上交流的陌生感。

（2）个人成长的记录。在朋友圈中，还可以记录展示自己学习、成长的过程。比如下班后学习的课程、参加的培训，或者完成的技能升级、难关的挑战，都可以进行分享。这些个人成长的记录可以展现你积极向上的成长态度。

（3）专业领域的观点分享。可以经常性地输出对于从事领域的想法和观点，来体现自己的专业能力。

（4）成功案例的分享。当你在自己的专业领域获得奖项、取得成就时，一定要分享出去，让人看到。不要不好意思分享，没有发声，就没有感知，没有感知，就没有发生。

（5）客户的好评反馈呈现。客户对你的反馈、评价，可以增强其他客户对你的产品、服务和专业能力的感知。

- **在丰富朋友圈的内容时，我们也要注意发朋友圈需避免的一些行为：**

☆**不要传播负面情绪和言论**。持续传播负面情绪和言论，容易给人留下你情绪不稳定、为人消极的印象，不利于我们个人品牌的打造。

☆**不要在同一时间连续刷屏发广告**。一口气连发十几条广告的行为很容易被人屏蔽拉黑，消耗自己的人脉。如果需要在朋友圈宣传自己的产品，可以将内容错开时间发，例如间隔1个小时发一条，同时配合其他类型的内容进行分享，免得其他人点开我们的朋友圈看到的全是广告。

☆**未经他人授权，不要暴露隐私信息**。在朋友圈发表内容，要注意保护隐私。聊天记录截图、公司文件等，发圈之前需要授权，隐私及关键信息需要打码。随意暴露隐私的人，很容易让人没有安全感，留下不靠谱的印象。

4.2.3 经营个人势能

什么是势能？从物理学角度来说，势能是储存于一个系统内的能量，用来描述物体在保守力场中做功能力大小的物理量。可以释放或者转化为其他形式的能量。

曾经有一个做操盘手的学员问温张敏："为什么我的能力不比别人差，但其他人能够接到的合作就是比我多，价格也收得比我更高？"其实，答案就是她所处的批量成交操盘手领域是一个非常看重势能的领域，这个学员与其他人的差距不是能力差距，而是势能差距。

对个人来说，**势能就是做一件事能有多大的声势，能引起多少人关注、参与，能够做到多大的结果**。例如，同样是做一场读书活动，普通人只能够吸引到 100 个人来参加；而牛人却邀请了 100 个同样高能量的人帮忙做推广，这些高能量的人，每个人带来了 100 人，这就变成了 1 万人来参加活动。

个人势能越高，能量越高，能够做到的结果就越好，影响的人就越多，个人价值与变现能力也就更强。

①要想获得高势能，首先得懂得蓄势，也就是积累势能。

《孙子兵法·势篇》中说："故善战人之势，如转圆石于千仞之山者，势也。"势能 = 质量 × 重力加速度 × 高度。一颗圆石从极高的山上滚下来，其积累的势能转化成的动能是巨大的。山越高，势能越强。

要想把石头从千仞之山推下去，首先我们得将千钧之石推上山顶，这是一个蓄势的过程。只有在平时持续不断地推石头，才能积累更多势能,推得越高,势能就越大。

反映到个人身上,就是学会机会的挑选,不轻易消耗自己的能量。有些机会看起来确实不错,但是对于口碑、能力、背书的积累却没有任何帮助,反而容易消耗我们大量的资源。

温张敏刚学习打造个人品牌之初,经常会做免费的线上导流分享,将微信上的好友邀请进群,分享自己的成长心得,同时引导用户加其他IP的微信,来完成流量置换。后来在指导老师焱公子的提醒下,她才发现这样的营销导流行为,每做一次就是在消耗一次自己的人脉资源。贵人不贱用,人脉资源的使用次数是有限的,用一次就少一次,平时轻易就消耗了,等到自己真正要做大活动的时候,就不容易得到贵人支持。

查理·芒格曾说:"我能有今天,靠的就是不去追逐平庸的机会。"仔细观察我们身边的牛人,其实他们平时并不轻易搞事,往往一年才会有一次超级事件,在平日都是用心地做好用户服务、积累人脉,提前积蓄能量为未来造势做好准备,这样等到真正需要发力的时候,平时攒下的口碑和人脉才能发挥更大的作用。

②经营个人势能可以从以下几个方面入手:

(1)持续成为细分领域第一名。 冠军战略是积累个人势能非常好的一个战略，因为人们通常很容易记住第一。对普通人来说，一般情况下很难成为大方向的第一，但是我们可以从积累细分领域、小圈子的第一开始。

潇洒小姐是一个私域操盘手，一次参加课程学习时，她十分积极地完成课程作业打卡、主动参与课程的志愿者运营、在群里分享自己的学习收获。在学习结束时，她不仅能拿下学习榜的第一，还拿下了人气榜的第一。通过成为小圈子的第一，她收获了全班同学的一致认可，积累了自己在小圈子里的影响力。

势能的积累也是由小到大，从小范围的第一开始，能量更高了以后，我们就可以去挑战更大范围的第一，一步步积累更大的势能。

(2) **持续利他，帮助更多人**。杜杜是某知名学习型社群的一名活动运营官，在平时社群的活动运营中，她一直非常热心地帮助社群的用户解决学习上的卡点和困难，分享自己运营活动的经验，帮助志愿者们更好地组织社群的活动。这些平时积累的利他行为，在杜杜推广自己的个人品牌故事时，发挥了巨大的能量，大家纷纷转发杜杜的个人品牌故事，在3天时间里就突破了5位数的浏览量。

(3) **持续打造里程碑事件**。里程碑事件，即阶段性的成就事件。你的里程碑事件结果越好,所能积累的势能也就越高。可以做一些对普通人来说需要付出成倍的努力才能达成结果的事情,例如努力达成一个视频的 10 万 + 浏览量、组织一场万人活动、设计一套课程、考取有含金量的权威证书等里程碑事件,都有助于提升个人势能。每年至少积蓄一次能量,好好打造一次自己的里程碑事件,可以加速个人势能的提升。

【本节总结】

打造职场个人品牌,本质就是做好自我营销。通过头像、昵称、自我介绍以及朋友圈的打造,利用社交平台全方位展示自己的靠谱和专业,在日常沟通中积极主动展示自身的实力,利用好社交平台工具去展示自己的能力,通过持续成为细分领域第一、成就更多用户、打造里程碑事件等方式经营好势能。

4.3 共情传播：低成本撬动高推广，好方法策划完美活动

4.3.1 用户为什么传播

所有的互联网平台工具，都带有分享的功能。只因在线上，用户无时无刻不在分享。《疯传》一书中说："只要简单地把一些有唤醒作用的情绪元素加入到故事或广告中，就能激发人们的共享意愿。"所以，各种形式的分享，其本质就是在进行信息的传播。

如何使用更低的成本，去撬动更高的传播推广，是互联网一直以来重要的研究命题。

在研究如何降低成本、提高效果之前，我们应该先明白互联网信息传播的原理。那些被广泛传播的信息背后，都是

因为某些共同的因素影响着人们的大脑和行为。主要可以总结为以下3个方面的因素：

◎获得金钱利益

你一定收到过朋友请你帮忙的求助信息，例如在朋友圈点个赞、在购物平台上"砍一刀"等等。我们来看一看这些行为背后的底层逻辑。转发朋友圈可以获得赠品、请朋友帮忙"砍一刀"可以获得价格折扣，这类信息虽然让大多数人都极其厌烦，但商家却始终不肯放弃，总是屡试不爽。背后原因就在于，其规则的设置迎合了用户想要省钱的利益需求。

当某件十分刚需的产品在"双11"这天打5折，挂出一个远低于平时售卖的价格，除了足够让你心动，你一定也会忍不住想要跟身边有需要的朋友分享，想一起组团去"薅羊毛"。

当一个人意识到，只要跟朋友推荐某个自己认可的产品，就能获得佣金收益，且收益额还不低，甚至轻松跑赢辛苦工作一天的工资，这个人一定会毫不犹豫地把链接转发分享给朋友。

◎迎合人设形象

当然，并不是所有人都会为折扣活动与佣金动心。在诱人的折扣和佣金面前，依然会有一部分人不为所动。相比于金钱利益，这部分人更加注重自己的行为是否会损害人设，影响自己在社交圈内的形象。

比如说，很多职场人不会在朋友圈转发关于转型、裸辞的文章，即使他们对文章的内容非常认可，他们依然会担心转发文章后会被同事、领导看到，产生不良影响。而对于符合自己人设身份、能够增加自己社交形象的信息，大家往往更愿意进行传播。这也是很多职场人愿意在朋友圈分享自己努力学习、勤奋加班的原因。

当信息的传播会对用户的社交形象造成负面影响时，很多人就会选择放弃传播。

◎对事件产生共情

当你听到一个八卦，你会兴奋又迫不及待地想跟朋友分享；当你看到一条令人愤怒的新闻，你会义愤填膺地跟朋友一起吐槽。这些行为的背后，是因为这些事件引发了你的喜怒哀乐，让你产生情绪上的共鸣，忍不住想要和身边的人分享。

一个非常感人的短视频，被第一个人转发到朋友圈分享后，朋友们看完也纷纷被感动、纷纷转发，于是这个视频就在社交网络里引起了一轮又一轮广泛分享、传播扩散，这就是共情传播的过程。

赵建国教授在《论共情传播》一文中做过一个界定：**共情传播就是共同或相似情绪、情感的形成过程和传递、扩散过程。**

社会热点事件病毒式传播、爆款视频或爆款文章扩散的背后，其实都是基于这个共同的底层逻辑：共情传播。人们在自身情绪被感染时，会通过点赞、转发等互动传播的行为，向他人传递自己的这种情绪。

共情其实时时刻刻发生在我们身边，只不过当下社交媒体因为分享的便捷性，催化了传播的过程和效果。

张勇锋教授在《共情：民心相通的传播机理》一文中曾写道："共情传播的内在逻辑在于，在共生的状态和平等的交往关系中，传播主体能对他者的情感'感同身受'，并且能'换位思考'，以同理之心从他者的角度去认识和理解问题，进而形成共通的意义空间与和谐的人际关系。"

共情是人性的本能反应，在普通人的个人品牌传播和推广中，借助这个人性特质，可以实现低成本的传播。

4.3.2 用个人品牌故事撬动共情传播

焱公子和其合伙人水青衣老师打造了上百个成功的个人品牌案例，无一不是通过个人品牌故事在社交圈进行传播，让圈里的朋友产生共情，进而对焱公子和水青衣老师两人增强感知，在获得信任与认可后，获得大量订单和合作。

温张敏在水青衣老师的指导下，创作了一条个人十年故事视频，视频记录了她在十年中克服重重困难、努力成长的过程。凭借这条视频，原本在微信好友里十分低调的她，在线上召开了百人闭门会，并通过在闭门会上的分享，公开招募私教学员，仅48小时就营收了12万元。这条个人品牌故事性质的短视频还在后续给她带来了更多合作和连接。

在整个传播推广的过程中，水青衣老师辅导温张敏做了如下几件事：

◎联系微信好友

在《一个不服输女孩的十年》个人故事视频制作完成后，温张敏不断在朋友圈进行转发，并且逐个联系微信上的好友，请他们帮忙点赞与转发。通过这个动作，她迅速跟众多好友重新建立连接、拉近关系，无论是原来熟悉的朋友，还是陌生人，都通过短视频进一步对她有了了解和认识。

观看视频的用户纷纷表示，看到了一个女孩历经低谷、涅槃重生的故事。很多人被其中成长创业的故事感染，产生了强烈共鸣，积极主动地帮忙转发。在众人的助推下，这条视频仅7天时间就突破了10万+浏览量。这意味着，有10万人在传播过程中看到了这个故事。

◎撰写复盘文章

紧接着,温张敏在水青衣老师的指导下,着手撰写了一份长达 6,000 字的视频制作复盘文章,讲述了自己是如何在一周时间内拿到 10 万＋浏览量,毫无保留地把背后制作、推广运营的经验以及"摔坑"心得付诸纸上。

她再一次在朋友圈和社群中做推广传播,表示要将这一份精心打磨的复盘文章,作为礼物送给帮忙点赞、转发的朋友。通过这一步,温张敏跟更多人有了更深入的交流。众多好友关系被激活,推动她在接下来的线上闭门会完成商业变现。

◎展示线上名片

在闭门会结束后,这条短视频被她用来作为线上连接、交流的自我介绍工具。新好友打招呼、交流分享等场合,均派上了用场。这个线上名片传送的举动,又令一大波人快速认识她,促成了接下来更多的连接和合作。

温张敏的例子,从共情传播的角度来看,是普通人很好复制的。想要通过线上打造个人品牌,写好一篇个人品牌故事就是成本低、传播效果好的方式。每个普通人都可以通过视频和文章,去记录各种故事,比如个人职场故事、个人成长故事、服务客户的故事等等,让更多人见证你逐步成长、变得更好的过程。

需要注意的是，个人品牌故事不一定能够成为社会层面广泛传播的爆款，但却可以成为你自己的社交圈内的小爆款，成为职场和社交连接的名片。 它能清晰且生动地告诉领导和客户：我是谁、我是干什么的、我有什么经历、我可以提供什么价值。相比于条目式的自我介绍，个人品牌故事更具有共情感染力。

很多人会提出疑虑："我就是一个普通人，没有什么惊天动地的成绩，写作能力也不太行，制作出来的个人品牌故事，能获得传播吗？"事实上，根本不用担心自己的文笔不够好，也不用担心做出的结果不够优秀。你的目光不是社会层面，只是自己的小圈子，只要你的结果优于同龄人，你做到了别人没有做到的，就可以记录下来，成为专属于你的故事。

当你在故事里展现作为普通人身上的韧劲和成长性时，很容易就能影响那些没有做到的人，感染那些之前没能关注你的人。

好内容是流量密码，更是财富密码。自媒体平台可以帮助我们放大故事的传播面，扩大影响力，个人品牌故事带来的连接，可以迅速在目标用户群心中建立认知，占据心智，促进产品销售与职场价值的提升。

4.3.3 好方案策划出好活动

在互联网上,爆款营销与传播的案例其实并不少见,很多人也试图去复制各种各样的玩法,却发现同样的方法用在自己的活动中效果不佳。那是因为一场活动成功的核心,并不是简单地对玩法方案依葫芦画瓢进行照搬和复制。一场活动能够成功,不仅取决于玩法,也取决于资源与执行。只有更深入地拆解活动背后的原理和底层逻辑,才能真正策划出一场完美的活动。

《引爆 IP 红利》是焱公子和水青衣老师在 2022 年 2 月上市的新书,随书开展的万人共读活动就是一次经过精心布局大获成功的低成本营销事件。

《引爆 IP 红利》是一本面向普通人,教大家如何打造个人 IP 的书,书中详细阐述了从 0 到 1 打造个人 IP 的关键点,是一本提供个人 IP 落地解决方案的工具书。新书上市之际,两位作者希望通过万人共读活动打造个人品牌成就事件,扩大新书以及作者个人品牌的传播面,提升知名度、升级影响力的同时促进新书销售。

这场新书共读活动,最终共计有 2 万余人参加,活动开幕仪式当天水青衣老师的直播间售出了 1,600 本书,达成 10 万元成交总额(GMV)。

作为本次活动的操盘手,温张敏在筹备与执行的过程中,与策划人水青衣老师共同制定方案,并把控全程细节。活动结束后,温张敏带领执行团队做活动复盘,总结出此次成功的最大原因得益于 3 个关键动作:

◎动作 1:个人品牌故事传播

活动初始,水青衣老师在公众号"焱公子"上发表了《百亿项目操盘手,最后兜里不足 100 元?我靠四个字逆势破局》的个人品牌故事文。文章发表后,她开始在其微信进行冷启动,一对一私聊近 1,500 位大咖,邀请大家帮忙转发文章。

私聊邀请话术如下:

您好。我的新书近日上市,做了一个很棒的产品链。在直播间推出后,2 小时就卖了 21.3 万,我的学员复制后拿去卖课,用这一套方法,直播场观从 200 提升到 2,600,同样卖出了 12 万元。

今天想邀请你,加入水青衣老师万人共读 IP 顾问团。希望你能帮忙转发这篇文章到朋友圈。作为答谢,我会为你制作万人共读顾问海报,以及送你《1500 人低场观,做出 21.3 万高 GMV 的详细拆解》水青衣老师线上商业闭门会门票 1 张,你看看是否 OK?

私聊邀请的动作实现了文章转发率超过 70%，获得活动启动第一波的流量曝光。

◎ **动作 2：百名超级群主招募**

共读活动通过个人品牌故事文章下附带的海报，对万人共读超级群主进行了招募。招募条件及群主福利如下：

要求：群主有 50 人以上社群并填表审核

福利：

① 50 人群主。《引爆 IP 红利》万人共读联合发起人专属海报以及纸质证书。

② 100 人以上群主。赠送价值 1,680 元直播成交训练营名额 1 个；赠 5 本价值 290 元《引爆 IP 红利》书籍。

③ 200~299 人以上群主。赠送价值 2,000 元水青衣老师亲授线上商业闭门会 1 次；赠 10 本价值 580 元《引爆 IP 红利》书籍。

④ 300~399 人以上群主。3 万＋粉丝视频号推荐曝光；赠 20 本价值 1,160 元《引爆 IP 红利》书籍。

⑤ 400 人以上群主。在"焱公子"公众号和万人共读社群内做群主海报的个人展示，为群主引流；赠 50 本价值 2,900 元《引爆 IP 红利》书籍，5 个单价 299 元《IP 变现书课包》名额。

通过这个动作,成功招募了百名群主,并经由群主的影响力,吸引了 2 万余人参加共读社群。

◎**动作 3:10 小时豪华嘉宾阵容开幕式**

为了达成本次共读活动宣传造势的目标,水青衣老师和焱公子共同邀请了 9 位知识付费领域的头部 IP 做直播连麦分享。3 月 21 日,进行了 10 小时的万人共读直播开幕式。万人共读加上 9 位头部 IP 带来的流量,成功推动开幕式直播迅速完成超过 1,600 本新书销售,并带动了其他产品的成交,最终达成直播间 10 万营收额。

从以上 3 个关键动作,我们不难得出本场共读活动能够实现高推广、高营收的 3 个核心要点:

①**以关键节点人物为支点,撬动更多流量**。这场活动中,涉及的关键人物有 3 类人,分别是帮忙转发文章的千名 IP 大咖、百名超级群主和 9 位开幕式嘉宾,这些人都属于社交环节中的关键人物节点,都具备自带流量的特质,在一场活动中,能够帮助我们实现传播面积更广的营销效果。

②**以故事为连接点,转发带来高推广**。水青衣老师发出的文章之所以能够实现超 70% 的高转发率,核心就是上文提

及的个人品牌故事能带来的共情传播效应。

相比于单纯地让人转发活动海报,个人品牌故事显然更得人心。好文章转发出去一是没有打广告的嫌疑,二是不会伤害转发人的社交形象,所以大咖们会纷纷帮忙,愿意转发。而读者通过阅读故事,能对文中 IP 留下深刻印象,在活动开始前就达成了个人品牌对用户的心智植入,相比使用海报做硬广,收获效果也更好。

对于参与活动的超级群主们来说,专门定制的群主专属的联合发起人海报,同样能让他们在转发海报、推广活动时,自信与底气十足。毕竟,作为联合发起人,目前活动已有 9 位头部大咖、万人参与,能让他们在社交圈中"秀一把",突显自己优质的社交形象。

③**洞察需求,达成多方利益共赢。**一场涉及多方的活动,不仅仅是要考虑己方的需求与利益,更需要考虑参与活动各方的想法。策划者与操盘手在筹备与执行的过程中,要时刻关注并思考:如何能让各方更愿意参与进来?不同群体所需要的是否一样?活动能够给各方带来什么样的利益和价值?

除了上述维护社交形象是需求之一,各方还有哪些需求呢?

对于帮忙转发文章的 IP 大咖们来说,他们渴望了解更多线上营销的玩法;超级群主们可以借助新书共读为自己的粉丝提供更丰富的活动，同时达成流量互换；对开幕式邀请连麦的头部嘉宾来说，能够在一个流量足够大的池子里实现流量资源置换和个人 IP 的推广曝光；而参加活动的用户们则能够获得比平时价格更低的购书福利、大量直播间抽奖礼品，以及免费参与书籍的学习。

将各方需求思索得越清楚，策划案才能越详尽，执行时也才能让更多人满意。如此，才算是达成了多方利益共赢的最终目标。

近年来，随着线上营销活动越来越多，用户们早已在不断地参与中熟悉了各种套路，企图以简单粗暴地发广告的方式就收获高传播的时期已经过去。从《引爆 IP 红利》万人共读的营销案例中，我们能看到：一场优质的营销传播活动，必须抓住用户的共情和社交属性进行玩法的延伸，才能取得好的超预期成绩。策划人员最需要思考的是活动目的跟与目的匹配的资源，只有以此作为核心发力点，才能梳理设计出顺畅的流程，整合各方，实现低成本、高推广的传播营销效果。

【本节总结】

一个信息能够被用户广泛传播的主要原因有：用户能够获得金钱利益；能够迎合用户人设形象；用户对事件产生了共情。

在各种营销信息爆炸的当下，想要低成本实现高推广，简单粗暴的模式已不再可行，共情传播可以帮助我们实现低成本、高传播的目的。

策划一场营销活动的背后，并不是简单地照搬动作，更重要的是理解底层的逻辑进行玩法的设计。可以通过以关键节点人物为支点，撬动更多流量；以故事为连接点，转发带来高推广；洞察需求，达成多方利益共赢这几个维度，连接各方策划营销传播活动。

4.4 流量变现:从产品思维到用户思维,引爆流量成交与变现闭环

4.4.1 掌握用户思维

很多人从线下转型线上,开始时动力满满,每天刻苦地日更文章、制作视频,源源不断地往外输出内容,但很快就会泄了气。因为他们发现,自己辛苦打磨十几个小时做出的内容,阅读量、点赞量、评论数都是个位数,花了大半年开发出一个产品,想在线上推荐给客户,客户嘴上说好但就是不买单。

于是,信心大受打击,动力演变成压力,然后又变成焦虑。为什么会出现这样的情况?是因为他们的专业水平、内容产品质量不行吗?

并不尽然。

水青衣老师曾说过一个故事。她之前对吉他非常感兴趣，花了很多学费跟随一位大师学习，大师对她也非常上心，从基础的乐理知识开始教起，想要系统地培养这位徒弟走上音乐道路。

学了几次课程后，偶有一次，水青衣老师路过一家琴行并参加了吉他课的体验活动。仅30分钟的时间，她就在琴行老师的指导下学会了《兰花草》的弹奏，即使弹得磕磕绊绊、不够娴熟，但依然非常开心和满足。

于是在下一堂大师的课上，水青衣老师学完乐理知识闲来无事就拿起吉他弹奏《兰花草》。岂料大师非常生气，怒责她不好好打基础，没学会走就想着要跑，弹琴的指法都是错误的。

诚然，大师苦口婆心的劝告是对的，但这之后水青衣老师对吉他的学习却失去了兴趣。若论资历和专业能力，这位大师是国内头部音乐学院的教授，获得过很多国际的奖项，水平绝对胜过琴行老师。可是水青衣老师却没有再去上他的课，而是选择成为琴行老师的学生。

问题出在哪里呢？

其实她学习吉他的目的跟大多数音乐小白一样，只想能够弹奏几首曲子，在闲暇时能自娱自乐一番就足矣，并非想像音乐学院的学生那样系统学习乐理知识，成为吉他领域的专家。

很多人在转型做线上生产内容、研发产品、做推广的时候，都跟这位大师一样中了"知识的诅咒"，陷入自己的思维里：**自己有什么就给什么，却忘了考虑用户需要什么。这是典型的缺乏"用户思维"的表现。**

◎用户思维并不是简单的换位思考

在本书第一章就曾说过，所谓用户思维，就是你要站在用户的角度，琢磨他们喜欢什么。需要注意的是，用户思维并不是简单的换位思考、把自己当成用户。在互联网平台上，内容和产品往往需要面对的是一群人而非一个人。**个体的想法、需求、偏好无法充分代表市场上用户群体的想法、需求和偏好。单纯以自我的想法去揣测用户群体的需求，往往容易陷入"自嗨"的境地。**

营销学中，有一个非常著名的"鱼塘理论"，该理论把用户比喻成一条条游动的鱼，把用户聚集的地方比喻成鱼塘。互联网平台就像有鱼群聚集的鱼塘，不同的鱼习性不同，氧气、水温、阳光、食物、水草等环境的因素都会影响鱼的活动区域。

如果新手不提前做好功课，了解各种"鱼"的习性，往往容易花了时间最后却发现效果不佳。互联网用户思维的本质就像是在鱼塘边钓鱼，你需要站在群体的角度，研究目标群体的想法、需求和偏好。懂群体之所想，说群体之想说。

◎ **3个方法，培养你的用户思维**

爆款之所以会爆，是因为那些内容正是用户感兴趣的。用户用点赞、收藏、评论等行为为自己的想法和偏好进行了投票，这些直接的数据，比用户自己更懂用户。

想获得好的数据，就要培养用户思维，可以参考以下3种方式：

• **方式1：观察排行榜**

每个平台上都会有自己的热门排行榜，例如微博、抖音有热搜榜；淘宝、京东有热卖榜。榜单上的内容，就是这个平台的用户当前最关注的热点内容。通过观察排行榜，我们能够快速了解到当下每个领域的用户注意力多数集中在哪里，对什么内容和话题更感兴趣。

根据排行榜的热点内容，再结合自己所在的领域进行创作，会更容易获得流量的突破。这种方法也被称为"蹭热点"。

• **方式2：拆解爆款内容**

很多人做内容，一上来就模仿爆款的拍摄形式、文案和选题，但往往数据不佳。原因是盲目的模仿通常只能仿到形，无法仿到其中的精髓。拆解爆款不是为了无脑模仿爆款，而是为了让我们更懂爆款，更懂用户。

拆解点赞、转发数据好的爆款内容，可以看选题、看标题、看配乐、看剪辑、看内容、看文案等方面，拆解得越细致越好。同时，还需深入研究爆款项内容的评论区，从用户高赞、高频的评论句式中，找到可采用的选题。

全面的拆解，除了分析内容火爆的关键点是迎合了什么人群，还要分析是在什么地方戳中了此类用户群体的痛点、爽点、痒点、槽点。

通过大量的拆解，总结归纳其中的底层规律，分析爆款背后体现出来的群体心智。当你更全面地了解了自己的用户会为了什么而共情、为了什么而痛苦、为了什么而争论、为了什么而停留、为了什么而买单时，你也就能够轻松创作出目标用户喜欢的内容，开发出用户感兴趣的产品。

如何找到大量爆款来进行拆解？可以自然浏览、手动搜索账号，还可以通过众多专做数据排行的平台如新榜、抖查查、蝉妈妈等快速查找。这些数据平台专注制作各个平台内容与榜单的数据监测和统计。

- **方式 3：大量访谈用户**

如果说看排行榜、拆解爆款内容是从宏观角度去定量了解用户心智、用户画像，用平台量化的数据去了解群体的行为现象，那么用户访谈则是一种从微观角度定性分析用户心智和画像的方法。通过访谈，可以更加深入地探寻用户的深层想法和动机，挖掘其行为背后的真实诉求。

访谈的形式有语音通话、线下见面，也可以采用直播连麦的形式，无论哪一种，都应当尽可能地引导用户多说。创作者多问"为什么"、多认真倾听用户的声音，可以帮助我们更深入地了解用户，从而培养用户思维。

从数据中来，到用户中去。很多人都说要做好互联网需要具备"网感"，实际上网感并不是一个人天生具备的，而是经过在互联网平台长时间的浸泡，通过大量的分析、调研，在对用户有了足够的了解后形成的直觉反应和判断。用户思维的掌控也一样，也需要长时间的学习与深入钻研。

4.4.2 确定变现模式

很多人转型线上容易进入一个误区，即非常看重粉丝量，觉得要先把粉丝量做高才能开始变现，但往往越是存在这种想法，越难赚到钱。

诚然，我们现在能够看到各个平台上有着上百万、上千万粉丝的博主，接广告都能赚得盆满钵满，但事实上也有不少博主在做到几十上百万粉丝后，因为变现模式有问题而赚不到钱，同时又需要兼顾工作和生活，无法持续投入时间和精力而不得不中途放弃，导致账号停更。

在线上，即使是内容能力极强的创作者，在做视频、做直播、写文章这些事情上，都要投入大量的精力和时间。普通人想要做好，则更是要付出比常人更多的努力。我们并不鼓励普通人不管三七二十一、先干了再说的精神，战术上的勤奋无法掩盖战略上的懒惰。没有设定任何方向和目标，空有一腔蛮牛式的努力，很容易会因为得不到好数据、金钱等正反馈而陷入迷茫，无法坚持。

普通人做线上自媒体，想要持续生存下来的关键并不在于有多少粉丝量，而在于是否从一开始就有一套清晰的商业变现模式。具体要如何做？

首先，确定自己账号的变现路径，即明确自己要卖什么产品、卖给谁。

其次，通过持续不断地输出内容，吸引精准目标用户，缩短变现周期。

最后，确立清晰的目标和方向，以良好的正反馈给自己提供更多动力，坚持行动，取得变现结果。

互联网行业有这么一句话：流量不值钱，精准流量才值钱。

清晰的变现模式下的内容就是天然的筛选器，能够吸引到一批精准粉丝。在这样的情况下，即使只有几百个粉丝，只要粉丝足够精准，也可以开始变现。

温裁缝 50 岁，原先是一家线下实体服装工厂的老板，从事服装制作行业 30 余年。因为生意不景气，工厂入不敷出，只能关停。之后，他二次创业开设了一家服装定制店，但由于缺少过往客户的积累，客源方面始终难有起色，多方尝试无果后，他开始寻求线上转型。

经过对大量同行账号的调研，对比衡量了自身的优劣势之后，温裁缝发现自己更擅长服装制作专业内容的深耕和研究，于是他将内容定位在服装裁剪和工艺制作教学上，主要面向 45 岁以上的服装爱好者人群。

通过短视频提供价值、直播间授课与销售，他很快就卖出课程，并且在服装制作工具、辅料产品带货等方面实现了变现。温裁缝是从 0 粉丝账号开始启动的，直播半个月，粉丝的在线人数均不超过 30 人，1 个月后，直播间就成功售出 4,000 余元，粉丝增长超过了 1,500 人。

温裁缝的变现金额、涨粉数量跟很多人无法相比，但对于一个 50 岁、毫无线上经验、对直播与短视频完全零基础的普通人来说，已是最好的正向反馈。他在服装裁剪、工艺制作教学这样一个缺乏娱乐性又十分小众的细分赛道，能够在启动的第一个月就实现变现，就是因为在开始前，他的变现模式已非常清晰。即便视频没有精美画面、直播间没有精心设计的脚本，也依然能精准吸引到那些服装制作的爱好者。

从温裁缝的案例，我们可以清楚，得到变现模式的确立，有如下 3 步：

◎第一步：找到自己擅长的领域

很多人转型线上，都会试图放弃自己过去的积累，想着要从一个全新的领域去发展。事实上，线上离钱最近的路径，就是从自己本就擅长的领域出发，再通过线上平台进行放大与拓展，完全没必要舍近求远，在一个自己完全不了解的领域从零开始。

即使是全职在家、一直只专注带娃的宝妈，都有着自己擅长的领域。例如可以将早餐做得既精致又营养；能快速找到性价比超高的省钱好物的渠道；很懂得协调婆媳关系、夫妻关系、亲子关系，令家庭一直和和睦睦……诸如此类的领域，完全都可以在互联网上展现，利用自己积累的经验进行分享和变现。

本书在第二章"2.1 优势定位"这一节曾提出，每个人都应当找到自己的优势领域。如果你是一个职场人，也同样可以在网络平台上注册账号，分享你的工作经验。普通人的竞争力，本就是你日常工作中做了多年，能够做得又快又好的事。找到自己的擅长领域，制作成内容分享出去，你就已经迈出了成功的第一步。

◎第二步：大量分析同行账号及成功变现模式

变现模式不是靠拍脑袋凭空想出来的，一个从未有人在做的变现模式，不一定代表这是空白市场，更有可能是有大量的人尝试做过但都没有成功。**普通人线上起步，需要做的不是创新，而是尽可能地让自己少走弯路，减少试错的沉默成本。**因此，在找到自己擅长的优势领域后，可以大量分析同一领域的账号，来验证变现模式的可行性。

在账号的选择上，可以分成**粉丝量多的头部账号、中腰部账号以及近期涨粉较多的新起账号**几个不同的层面去做分析和拆解，可以参考以下模板进行记录。

案例拆解	
账号名称	
粉丝量	
内容定位	
呈现形式	如 vlog 生活记录、口播、剧情、直播片段

续表

案例拆解	
内容风格	如温暖、搞笑、犀利、干练
面向的人群	如性别、主要年龄段、群体标签，共性特征
解决的问题	
变现的产品和服务	如分销带货、自有产品销售、广告赞助、课程知识产品、咨询等
变现路径	如短视频广告、短视频带货、直播带货、直播打赏、私域引流、实体引流
变现情况	

我们以温裁缝所寻找的对标账号为例，来看看表格如何使用：

表1

头部账号案例拆解	
账号名称	米×××裁缝×
粉丝量	39.3万
内容定位	女士中国风服装裁剪教学
呈现形式	图片轮播视频与直播
内容风格	视频展示气质简约类图片预告，直播间进行专业教学

续表

头部账号案例拆解	
面向的人群	时尚简约中国风女性服装制作爱好者
解决的问题	帮助零基础服装制作爱好者入门女性服装裁剪
变现的产品和服务	服装裁剪教学课程、服装制作工具、服装面料、内在提升成长课
变现路径	直播卖课程、工具、面料
变现情况	累计超过 1,000 万

表 2

腰部账号案例拆解	
账号名称	深圳××服装××基地
粉丝量	14.2 万
内容定位	欧式、意式服装裁剪
呈现形式	直播教学与直播教学切片、教学视频
内容风格	真人出镜直播、视频教学，分享严谨专业的干货技巧
面向的人群	欧式时尚服装制作爱好者
解决的问题	欧版服装全品类制版裁剪从入门到精通
变现的产品和服务	欧版全品类服装裁剪教学课程
变现路径	直播卖课
变现情况	累计超过 500 万

表3

近期新起账号案例拆解	
账号名称	金×服装××
粉丝量	2.7万
内容定位	女士改良旗袍裁剪教学
呈现形式	图片轮播视频预告、直播教学
内容风格	专业、严谨的直播教学
面向的人群	女士旗袍制作爱好者
解决的问题	帮助旗袍爱好者学会各种款式的改良旗袍裁剪与工艺制作
变现的产品和服务	服装工艺入门制作课程、服装制版课程
变现路径	直播卖课、线下实体服装学校引流
变现情况	线上不超过1万元,线下未知

◎第三步:结合自身优势确定变现产品和内容定位

在经过前期对自身的分析和对市场情况的调研后,我们就有了初步的概念:市面上有什么模式、他们是怎么做的、做的情况如何。对整体情况全盘了解后,就能结合自身特征和优势,选择适合自己、容易实现的变现模式来确定内容定位,再通过持续输出,吸引精准目标用户,进行销售转化即可。

人们总说:"机会是留给有准备的人的,互联网的飞速发展，给普通人带来了无数弯道超车的机会。"但也总有人问："现在入场还来得及吗？"的确，现在很多平台已经过了迅猛发展的红利期，有特别多的高手在场内玩得风生水起。但温裁缝的例子告诉我们，种一棵树最好的时机，要么是十年前，要么是现在。

无论是现在还是未来，互联网依然有很多的机会存在。这些机会在向每个普通人敞开，想要通过互联网赚取百万、千万的财富或许不那么容易，但有心且准备充分的人，总会在其中抓住属于自己的机遇，实现影响力与财富的升级。

4.4.3 打通成交闭环

你是否遇到过这样的情况：在线下实体店购物结束后，店员会热情地邀请你扫码添加店铺微信，告诉你，后续会在微信上为你提供产品的优惠信息或是新品上市信息。

从早期的微商，到现在的直播成交，越来越多的生意和服务都转移到了微信。作为国内使用用户数量最多的社交工具，微信成了商家和个体沉淀私域流量的最佳载体。

私域流量这个概念与公域流量相对应，是互联网近几年流行起来的、对商家和个体自有的、可以多次免费触达的用户流量的一种叫法。

对于线下实体店来说,大街上路过店铺、来来往往的人群都是公域流量,商家想要吸引这些流量,就需要装修自己的门头,或是通过海报来引人进店。如果客户买完就走,除非下次再主动上门,否则商家很难再次找到他们。这时,私域流量就应运而生了。正如前文所言,当用户购买完产品后,商家会引导客户添加微信,这些用户就变成了该店铺的私域流量,商家可以多次、免费地触达,以此提高客户重复消费的可能性。

对于线上互联网来说,活跃在平台上的用户都是公域流量,想要获取这些公域流量,一是通过有趣有料的内容吸引,二是通过投放广告、增加曝光吸引。因为很难在公域平台上实现多次、免费的用户触达,通常需要持续地付出较多的广告费用或者是持续地进行内容创作。

随着互联网平台流量红利的见顶,新流量获取的竞争加剧,如今获客成本持续提高,单个精准用户流量的获取成本甚至高达上百元。

而在私域流量池,却没有这样的烦恼,因为可以多次触达,通过增加跟客户的沟通频次来加深客户关系,进而提升复购率和口碑推荐,以更低成本来实现对客户的管理,提高客户的终身价值。因此,越来越多的商家和个体开始搭建"公域引流＋私域成交"的闭环模式，即在公域平台中获取精准用户流量，再将用户转化到微信等私域场景进行精细化的运营管理，提升用户复购率。

温张敏的私教学员玥铭是一名在德国工作的女工程师，在转型线上之前，她没有任何的自媒体经验和基础，微信好友仅有100多人。在温张敏的指导下，玥铭仅用6个月的时间就从0到1搭建好了"公域引流＋私域成交"的成交闭环，多条短视频播放量破6位数，单条短视频播放量高达500万，直播间的场均成交额过千，微信转化成交日均利润过500元。

每个想要在线上赚钱的个人都可以通过3个步骤，以公域和私域相结合的方式，来搭建自己的成交闭环。

◎第一步：视频建立信任

玥铭通过发布《我在德国拼搏的十年》以及一系列讲述德国和中国文化、教育差异的科普视频，初步建立了粉丝对她的信任感。用户因为对德国的风土人情、教育理念感到新鲜和好奇而停留并关注。

◎第二步：直播增进了解

相比于短视频主题的方式，直播因为实时的互动性，更容易增进用户的了解。因此在更新短视频之余，玥铭会打开直播,带着粉丝一起游览德国的大街小巷,进行线上"云旅游"。她在直播间里为粉丝讲解德国的风景和习俗,同时也推荐德国的好物。讲解之余,她还会引导用户添加她的个人微信,将流量进行私域沉淀和转化。

◎第三步:微信做好服务

当粉丝添加玥铭的个人微信后,她便会邀请用户进入专属的铁粉群,进行统一的管理和服务,不时在群中推送铁粉福利,以及专属优惠的产品来进行变现。

通过以上几步,玥铭打通了自己的成交闭环。她在公域平台做短视频和直播,将流量转化沉淀到微信私域后,再经由铁粉群做进一步的运营和服务,最后,通过持续推送好物分享,来增加用户的购买率。

即使在因工作繁忙不能更新短视频、无法保证每天直播的情况下,她也能通过微信私域上的用户自动下单、静默成交,为自己创造更多的收入。

从这个案例我们可以看出,从引流到变现的闭环模式建立其实并不复杂。短视频建立信任、直播互动增进了解、导入微信号后继续服务,加强连接和沟通,就可以实现让用户信任你、喜欢你,进而愿意消费、形成持续复购的成交闭环。

【本节总结】

在线上做生意,需要掌握用户思维,要站在用户的角度,通过大量的数据分析和用户调研了解用户的真实需求。先明确自己变现的产品和模式再行动,能够帮助我们更好地明确方向,吸引精准粉丝实现变现。通过搭建"公域引流＋私域成交"的闭环,可以让用户从单次消费到多次复购。

后　记

普通人跨界生存指南：从谋生到发光的距离有多远？

2015年下半年，我做了一个莽撞的决定：离开待了10年的职场，重新开始。我厌倦了所处的环境，迫不及待想要去追求自己真正感兴趣的事情。内心有个声音，无比清晰地告诉我：**去做一个自由的写作者吧，那是你想要成为的样子。**

我真的去做了。当时的底气，来自4个方面。

第一，热爱。 尽管我是理工男，但从小就热爱文字。空闲时间，最喜欢做的事情就是埋头书写。

第二，过往的肯定。 无论在学生时代还是在曾经的工作圈，我都曾凭借自己的文字能力，获得过鲜花和掌声。

第三，名企光环。 10年500强企业工作经历，给了我充分的自信。好歹也曾在头部企业游刃有余，干点其他事情还不是"降维打击"？

第四，金钱。 工作多年，好歹有些财富积累，可以让我稍微折腾一下。

遗憾的是，事实证明，只有第四点真正发挥了一点儿实际作用，让我多撑了一段时间。而其他几点，某种程度上反倒成了负面干扰。直到吃了很多亏，赔了很多钱，交了很多学费，我才掌握了一些基本的生存法则。

当一个人打算跨界重生，究竟怎样才能更好、更快地拥抱新生活？我们前面花了一整本书的篇幅，告诉大家要系统地构建起自己的胜任力、学习力、沟通力和破局力，在本书的最后，我想代表本书的三位作者，给大家再补充几句掏心窝子的话。这也是我自己跨界以来，最核心的经验和感悟总结。

01 成熟的人，不做从 0 开始的事

应该说，这是我跨界以来，踩过最大的坑，还是自己给自己挖的。我在通信行业待了 10 年，的确已经比较倦怠。2015 年下半年离开时，有好心的同事建议我：不妨做个通信相关的账号，发表点行业洞察和见解。

当时，我非常豪迈地回绝道："已经分手，干吗还藕断丝连？哥既然离开了，这辈子绝不再碰跟通信相关的任何内容。"

相当长的一段时间里，我都在刻意避开自己的过往。我不谈前公司、不说我曾经是干什么的，也不展示我有什么样的专长。我抛开旧圈子里所有的人脉和经验，自信满满地认为，

只需要凭借自己，一样可以从 0 开始。只要我足够勤奋和努力。

于是，我埋着头写，拼了命写。写长篇小说、写短篇故事、写书评影评、写人物传记。什么内容稿酬更高，我就写什么。如果价格再高点，高到我无法拒绝，我想我甚至可能会同意做别人的枪手。

赚到钱了吗？赚到了。在没日没夜地伏身写作下，获得了一定的收入。但尴尬的是，那比我在华为时还累，收入却远不如我在华为。兜里的积蓄越来越少，人会忍不住开始慌乱。越慌乱，越没选择，就更慌乱，更无法选择。毫无指望地，就陷入了恶性循环。我逐渐意识到，最大的问题在于：现在的我像一叶浮萍。我刨掉了以前的根，却没能为自己扎下同样牢固的基石。

这种情况何时迎来了转机？如前言所述，2018 年 9 月，我觍着脸，蹭了老东家华为的热点，结合狼性文化写了一篇创业反思文。那篇文章全网爆火，我凭借它，才算一脚踏进了新媒体从业者的大门。而我的主要标签，也从一个只要给钱各种文体都愿意写的写手，变成了专注于职场与个人成长的博主。

这段经历，的确"打脸"。它带给我最深刻的教训是：**别轻易和过去的自己割裂，这是犯的最大的傻。**哪怕你跨入的是全新的行业，你过往的经历、背景、思维方式、曾经的人脉关系，一定都有可以借鉴、迁移的地方。**能借势，就借势。不能借，就造势。**

真正成熟的人，不要做从 0 开始的事。

02 像一个职场新人那样，尊重你的新行业

到今天，我做内容创业已经 6 年多了。做内容跟做其他实体产品最大的区别在于：它是一个非标品。你要不断产出不同的内容，在满足用户需求的基础上，还要让他们不审美疲劳。同时，你还得经常更新，否则互联网上到处都是诱惑，用户转头就投入了别人的怀抱，而且不带一丝犹豫。大白话就是：你既需要活好，频度还得高。

我一开始哪懂这些，当然爱怎么写就怎么写，爱什么时候写就什么时候写。数据惨淡，涨粉情况更是惨不忍睹。哪怕偶然爆了一条内容，你都不知道它是怎么爆的，也自然无法复刻爆款。

做新媒体，数据就是生命线。你的内容好不好，是见仁见智的事。但你的数据高不高，直接决定了你账号的商业价值。

认清这一点后，我才开始沉下心，认真研究、拆解同行业的那些头部账号，思考平台为什么会给它们流量。我在笔记本上写满了拆解心得：这个平台的调性和偏好是什么？同

行们都做了哪些爆款选题？哪些我可以借鉴，而哪些并不适合我？他们的发布频率如何？都在几点发布？他们如何追热点？如何设计标题、开头、结尾？内容有没有固定结构？他们的商业变现路径是怎样的……

一点点对标、一点点验证、一点点看着自己的数据慢慢变好，再不断迭代重复。在这个过程中，我从傲慢无知的小白，到思路越来越清晰：**原来，每一个行业，都博大精深，都值得敬畏。**

无论跨界做什么，无论你有多辉煌的过去，你只有像一个职场新人一样，对你的新行业充满尊重与敬畏，才能更快上道，获得你想要的商业结果。

03 做好远景规划，剔除不相干因素

在我的线下 IP 课的课堂，我设计的最后一道题，是一道看起来务虚的填空题。

10 年之后，我 _____。

大部分学员总是能很快写出他们的答案。比如：

10 年之后，我在上市公司当老总。

10 年之后，我在游艇上环游世界。

10 年之后，我财富自由，天天在床上数钱玩。

答案基本上都跟赚钱有关，这当然没什么不对。我为什么要设计这道题？原因也特别简单：**你越能清晰地展望 10 年后的自己成为怎样的人，越知道当下的自己应该怎么做，才更能接近这个想要的结果。**

想当上市公司老总？首先，你要有一家公司。这家公司要经营到一定规模，有充足的利润空间，财务报表还要足够好看……而如果现在的你还只是一个基层打工人，家里也没有矿，你应该要如何迈出有效逼近目标的那一步？还是，只不过就是随便想想，之后继续随波逐流？

我有个朋友，他今年 37 岁。他的目标是，在 45 岁赚够 10 亿，然后退休，享受生活。他本来是个顶尖的企业培训师，但他对照着目标算了算，哪怕全年无休，以他现在的上课频率，也远不可能在 8 年内实现目标。于是，他当机立断，转身去做直播带货。

我并不能预测他最终能不能实现目标，但至少，对自己有份远景规划，并以终为始地倒推自己当下每天该做的事情，会让你不再那么迷茫，也会自动剔除那些不相干的因素，从而把精力聚焦到真正有价值的事情上。此时，那个具体的目标，反而不再是最重要的。

更重要的是，你奔着远方那个目标一点点靠近的身影，一定闪闪发光。

最后我想说：感谢你认真读完《逆势爆发》这本书。人生之路，永远不可能一帆风顺，如果生活没有对你温柔以待，希望你在面对每一个至暗时刻时，有勇气与之死磕到底，并始终懂得如何触底反弹。

焱公子
2022 年 9 月